CMP BOOKS
机工IT

U0191184

# AI绘画

## Stable Diffusion关键词
## 使用技巧与应用

母春航　编著

机械工业出版社
CHINA MACHINE PRESS

本书全面解读了Stable Diffusion这一AI绘画工具的关键词使用技巧与应用。从基础知识到进阶应用，涵盖了安装、使用、参数讲解、提示词书写等多个方面。通过不同应用方向和题材的展示，读者可以领略到AI绘画在时尚、室内、建筑、广告、动画等领域的无限可能。同时，本书还介绍了不同画面风格、材料、媒介、艺术流派的呈现方式，让读者能够深入了解AI绘画的多样性和创新性。无论是初学者还是专业人士，都能从中获得实用的技巧和灵感，开拓AI绘画的新境界。扫描封底二维码，可获得本书配套关键词。

本书适合AI绘画爱好者，以及从事相关工作的读者阅读。

**图书在版编目（CIP）数据**

AI绘画：Stable Diffusion关键词使用技巧与应用 /
母春航编著. —— 北京：机械工业出版社, 2024. 10.
ISBN 978-7-111-76731-2

Ⅰ. TP391.413

中国国家版本馆CIP数据核字第2024H3Z881号

机械工业出版社（北京市百万庄大街22号　邮政编码100037）
策划编辑：杨　源　　　　责任编辑：杨　源　丁　伦
责任校对：龚思文　张亚楠　　责任印制：单爱军
北京虎彩文化传播有限公司印刷
2024年11月第1版第1次印刷
148mm×210mm·7.75印张·219千字
标准书号：ISBN 978-7-111-76731-2
定价：69.00元

电话服务　　　　　　　　　　网络服务
客服电话：010-88361066　　机 工 官 网：www.cmpbook.com
　　　　　010-88379833　　机 工 官 博：weibo.com/cmp1952
　　　　　010-68326294　　金 书 网：www.golden-book.com
**封底无防伪标均为盗版**　　机工教育服务网：www.cmpedu.com

人工智能（Artiffical Intelligence，AI）飞速发展的今天，每个人或早或晚、或多或少都会接触到与之相关的信息，甚至大部分人已经体验到了 AI 带给生活和工作的便利，最常见的指纹识别、人脸识别、虹膜识别、智能搜索等，大家已经习以为常，更高级一些的围棋博弈、智能控制、遗传编程、自动程序设计等，虽然可能尚未亲自体验，但也有所耳闻，再精深一些的人工生命、神经网络、脑机接口等，则已经在科学家的不断探索之下逐步成为现实。

本书所介绍的 Stable Diffusion 软件便是得益于人工智能的发展而出现的产物，它从初步上线时因不够完善而被群嘲，到如今人人惊叹它出图能力的强大，也不过才经历了短短一年多的时间。Stable Diffusion 的出现，不仅在绘画界、艺术界、设计界等专业领域，引起了强烈的反响，即便是非专业领域的人群，也必然通过各种社交媒体和相关报道感受过它的神奇，面对来势汹汹的 AI 绘图技术，我们到底应该怎么做？

可能会有很多人认为 AI 绘图发展至今，已经完全颠覆了传统绘画行业，不论是手绘，还是数字绘画，都受到了很大的冲击，但这种行业性的变革，正如当初数字绘画对手工绘画的改变，正如设计师需要掌握Photoshop、AutoCAD 等软件一样，我们更应该将它变成一个趁手的工具，成为工作道路上一个称职的小伙伴，这不仅仅是市场的需求和未来行业发展的趋势，更是将自己从大量烦琐、重复的劳动中解放出来的契机。所以，从现在起，学习并掌握 Stable Diffusion 这款在 AI 绘图界中遥遥领先的软件，是跟上时代潮流的最佳选择。

本书重点介绍了关于 Stable Diffusion 的关键词，但为了大家能够对Stable Diffusion 有更深入的了解，还详细讲解了该软件的基本知识、各项参数、模型扩展等内容，使得各位能够在脱离关键词的基础上也能依靠自己的能力绘制出满意的图像。

本书只是抛砖引玉，希望大家可以在参考本书关键词的同时，充分发挥自己的创意和才能，创作出青出于蓝而胜于蓝的艺术作品。

# 目录 CONTENTS

# 第3章 不同类型题材的呈现

# 第4章 不同画面风格的呈现

# 第 5 章　不同材料和媒介的呈现

# 第 6 章　不同艺术流派的呈现

# 第 1 章

## Stable Diffusion 的使用说明

在 AI 绘画已经成为热门话题的今天，相信你一定听说过 Stable Diffusion，也一定见过或亲手使用 Stable Diffusion 制作过美轮美奂的图像。随着 Stable Diffusion 大模型的推出，Stable Diffusion 也又一次刷新了人们对于 AI 绘画的认知，不论在对提示词的包容度，还是在对高分辨率的支持度，亦或是在对风格的可选性上，Stable Diffusion 都有了质的飞跃，让我们一起来看一看吧。

# 1.1 基础知识

先来简单了解一下 Stable Diffusion 这款 AI 绘图软件。它是由 Stability AI 公司、CompVis 团队、EleutherAI 团队和 LAION 的研究人员共同研发的，最早上线于 2022 年 8 月 22 日。

与其他 AI 绘图软件相比，Stable Diffusion 具有更多的优点: 其一，可以下载至本地计算机后运行，这意味着安装完成后没有网络也可以使用，数据的安全性也会更高; 其二，用于控制出图效果的参数种类非常丰富，能够在不同方向和维度上对图像进行修改; 其三，该软件完全免费且开源，而且在遵守条款的情况下可以自由商用; 其四，在各个网站上有上百种成熟的插件、扩展和模型可供下载，它们的代码在 GitHub 上完全公开，可以随意使用; 其五，Stable Diffusion 允许用户自行训练不同风格的模型，并以此为基础来生成不同风格的图片，实现从单纯的使用者到初级开发者的转变; 其六，除了以文本生成图像和以图像生成图像这种大部分 AI 绘图软件都能完成的功能之外，Stable Diffusion 还能对图像进行修复还原、填补空缺、无损放大等操作，甚至可以通过安装扩展和模型实现 AI 动画的效果。

在进入本书正题之前，我们先来简单学习一下 Stable Diffusion 的基本使用方法，包括它的安装、出图流程、参数讲解、提示词书写等重要内容，帮助大家更快地上手该软件。

## 1.1.1 Stable Diffusion 的安装

虽然 Stable Diffusion 可以安装至本地计算机，但想要顺利运行并进行出图操作还是需要较高的计算机硬件配置的，尤其是对于 Stable Diffusion 模型，一般要求使用 Windows10 或更高的操作系统，内存容量至少 32GB，硬盘可用空间至少 60GB，有独立的 NVIDIA 显卡且显存容量至少 8GB，同时由于前期需要下载大量相关数据，所以稳定的网络也是必备条件。

如果你的动手能力比较强，可以前往 GitHub 平台查看 Stable Diffusion 的开源代码，如图 1-1 所示，网址为 https://github.com/Stability-AI/stablediffusion，页面有对于如何安装和部署相关运行环境的详细描述。

图 1-1　Stable Diffusion 的开源代码

除了最原始的 Stable Diffusion 代码，GitHub 上的 Stable-Diffusion-webui 对于大部分人应该是更好的选择，如图 1-2 所示，网址为 https://github.com/AUTOMATIC1111/stable-diffusion-webui。它和 Stable Diffusion 的原理是相同的，只是它对 Stable Diffusion 进行了封装，制作出了更适合普通用户的交互界面，所以其使用者比原版更多，但仍需有一定动手能力和计算机基础知识方能顺序部署至本地。

图 1-2　Stable-Diffusion-webui 的开源代码

当然，对于初学者来说，上面两种方法都太过于深奥，这里推荐大家直接使用"秋叶启动器"来部署 Stable Diffusion，如图 1-3 所示，可以去网络上搜索该启动器制作者发布的相关信息和详细教程。

安装完成后，在左侧的版本管理选项卡中，确认已勾选切换至最新版本，如图 1-4 所示，由于该启动器不会自动切换版本，所以在之后的使用中也需要及时留意版本的更新，尤其是当 Stable Diffusion 出现重大模型版本更新时。

图 1-3 "秋叶启动器"的首页面

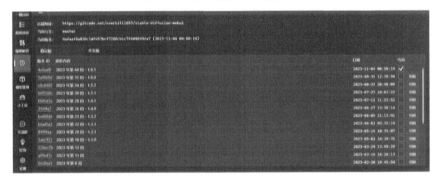

图 1-4 "秋叶启动器"的版本管理界面

同样在左侧的模型管理选项卡中，也要下载并勾选 Stable Diffusion 模型的 Base 和 Refiner 两个版本，如图 1-5 所示，否则它们无法显示在

图 1-5 "秋叶启动器"的模型管理界面

软件界面的模型选项中。另外，如果需要其他微调模型或嵌入式、超网络、Lora 模型等，也可以在该界面下载安装后使用。

## 1.1.2　Stable Diffusion 的使用

在上节中安装好秋叶启动器并设置好相应版本和模型之后，点击主界面的"一键启动"按钮，等待程序运行完成后，就会出现 Stable Diffusion 软件的交互界面，如图 1-6 所示。

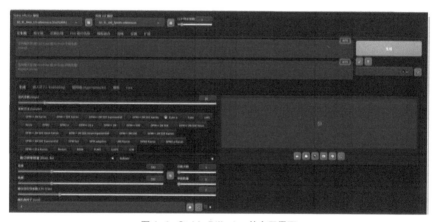

图 1-6　Stable Diffusion 的交互界面

想要使用 Stable Diffusion 模型，必须在界面最上方的参数中进行相应选择：Stable Diffusion 模型选择 SD_XL_Base_1.0 或 SD_XL_Refiner_1.0，通常建议使用前者；外挂 VAE 模型选择 SD_XL_VAE 的相关模型即可；CLIP 终止层数对于出图效果影响不大，保持默认数值即可。

在这三个参数下方可以看到 Stable Diffusion 的各项功能，包括文生图、图生图、后期处理等，本书中主要使用的就是"文生图"功能，之后也会对该功能的各项参数进行详细介绍。

下面我们就以一个最简单的案例来开启使用 Stable Diffusion 进行 AI 绘画的第一步。

在"文生图"界面中，上方是两个提示词输入框，分别是正向提示词框和反向提示词框。在正向提示词框中需要输入对于图像的各类描述，比如要呈现的图像内容和元素、要表现的图像风格或色调等；而在反向提示词框中则需要输入不希望出现在图像中的各类描述，通常是一些负面的品控词和要避免的特定元素等。

我们这里在正向提示词框中输入"1girl, brown hair, blue shirt, sitting at a desk, reading a book, bookstore, bookself background"点击右侧的"生成"按钮，Stable Diffusion 就随机生成了"一个棕色头发的女孩，身着蓝色衬衫，坐在书店的书桌前看书"的图片。如果多次反复点击"生成"按钮，便会得到各种不同画面但内容类似的图片，如图 1-7 所示。

图 1-7　图片效果

## 1.2　参数讲解

这里的参数讲解主要是针对"文生图"界面中的各项参数，这也是 Stable Diffusion 最为核心的功能之一，这些参数都位于提示词框的下方，包括迭代步数、采样方法、高分辨率修复、Refiner、宽度和高度、总批次数和单批数量、提示词引导系数、随机数种子，了解它们并合理地加以运用，可以让出图效果更接近人们的要求，从而降低出图的错误率和随机程度。

### 1.2.1　迭代步数

迭代步数是指 Stable Diffusion 进行绘画时的计算次数，数值范围为

1~150，默认值为 20。从理论上来说，计算次数越多，出图的效果就会越好，细节和层次都会更丰富，但不论是在官方说明中，还是大家的实践检验中，都一致认为迭代步数设置为 20~40 即可。

迭代步数数值较低时相应的效果也会较差，在迭代步数小于 10 时，图片尚且处于不断完善的阶段，通常效果不会太令人满意，有时甚至会与提示词内容有所偏离，如图 1-8 所示。当迭代步数达到 20 时，大部分情况下就可以生成较为完整且符合提示词内容的图片，如图 1-9 所示。

图 1-8　迭代步数小于 10 时，每一步都相当于展现了 Stable Diffusion
从噪声图逐步计算并得到完整图像的过程

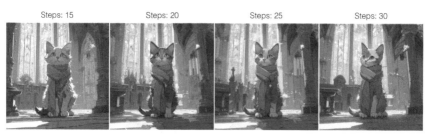

图 1-9　迭代步数为 20 时，图像基本内容和元素已经确定，
在 20~40 时会不断对画面的细节进行调整和完善

当迭代步数达到 40 及以上时，AI 就已经基本完成了全部的计算过程，再多的计算也不会有太明显的改善了，且由于计算步数越多，所需时间就越长，对计算机性能的要求也就越高，所以大于 40 的计算显然是对时间、精力和资源的浪费，如图 1-10 所示。

图 1-10  迭代步数大于 40 之后，图像几乎已经没有什么变化了，
或者说其变化之小肉眼观察时可以忽略不计了

## 1.2.2  采样方法

采样方法是指 Stable Diffusion 进行计算时所使用的计算方法，目前在 SD XL 版本中列出来 31 种不同的采样方法，它们在出图时会表现出内容、元素、细节、风格和色调等方面略有差异的变化。对于目前界面上可供选择的这些采样方法，根据其计算原理大致可以分为五类，下面逐一进行讲解并阐述其中具有代表性的采样方法的特点和相应的迭代步数范围。

（1）采用经典 ODE 求解器的采样方法，包括 Euler、LMS、Heun、LMS Karras 四种，迭代步数范围在 20~30 基本就能得到较好的结果，如图 1-11 所示。

其中 Euler 是最为简单、出图较快的一种方法，配合迭代步数为 25，就能表现出不错的效果；LMS 是 Euler 的衍生版本，算法基本一致，只是增加了取前几步的平均值来使得效果更准确的步骤，通常迭代步数为 30 时效果最好；Heun 与 Euler 的采样方式相同，但为了达到更为准确的计算结果，采用了较慢的计算速度，迭代步数较低时也能取得稳定的出图效果，通常步数为 20 就可以了。

（2）采用祖先采样器的采样方法，包括名称中带有 a 的所有采样器，如 Euler a、DPM2 a、DPM++2S a、DPM2 a Karras、DPM++2S a Karras 这五种，如图 1-12 所示。这类采样器每一步都会额外添加一些噪声来影响计算结果，所以不同步骤的采样结果之间差异性和随机性会比较大，推荐使用的迭代步数范围为 25~35。比如 Euler a 的出图效果就会比 Euler 更丰富多样，迭代步数为 20 之内可能每一步都会生成差别较大的图像，但 30 步之后效果就会趋于稳定，变化也很小了。

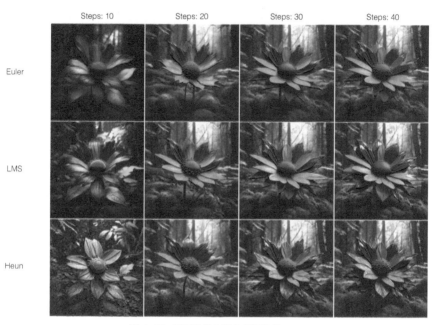

图 1-11　不同迭代步数的出图效果一

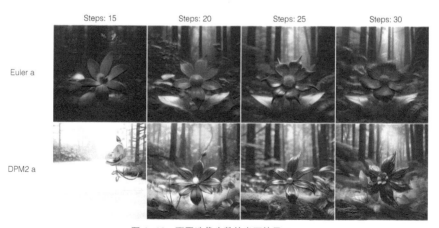

图 1-12　不同迭代步数的出图效果二

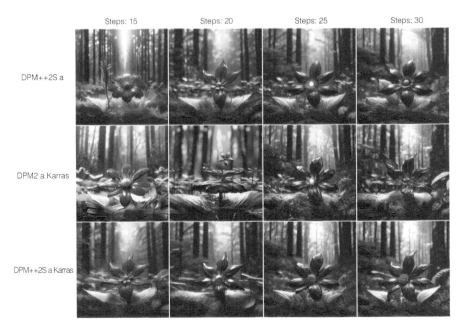

图 1-12　不同迭代步数的出图效果（续）

（3）采用 DPM 采样器的采样方法，包括名称中带有 DPM 但不带有 a 的所有采样器，如 DPM2、DPM fast、DPM2 Karras、DPM adaptive 等，它们采用自适应的方式来调整步长，因此出图速度会比较慢，而且迭代步数较低时出图效果会比较差，但在与采样方法相适配的迭代步数范围内则能够得到较为优秀的结果。该类采样器由于出图效果更为优化，已经逐步发展成为 Stable Diffusion 的主流采样方法，通常推荐迭代步数范围为 20~40，如图 1-13 所示，不同的类型会有更适合的小区间，大家可以自行尝试探索。

在这些采样器中，带双加号的 DPM++ 是对 DPM 的改进，如 DPM++2M Karras、DPM++SDE Karras、DPM++2M SDE Exponential、DPM++3M SDE 等，它们的出图效果会更精准，但速度也会更慢，如图 1-14 所示。

DPM++2M Karras 收敛性较好，这意味着迭代步数越高稳定性越强，通常使用 20~30 的步数就能得到质量较好且十分具有创意性的结果。

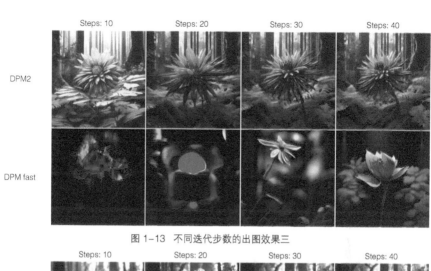

图 1-13　不同迭代步数的出图效果三

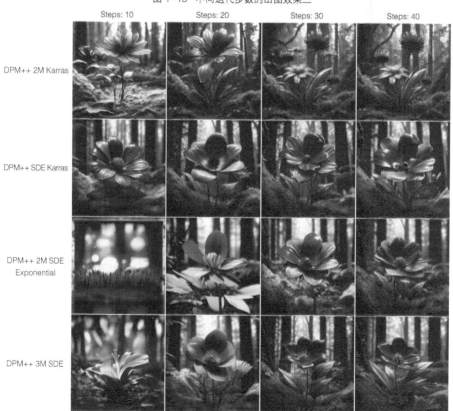

图 1-14　不同迭代步数的出图效果四

DPM++SDE Karras 收敛性较差，因此出图效果非常不稳定，随机性较强，但在 10~15 步时便能得到高质量的图像，20~30 步时则细节更为丰富。

另外，DPM adaptive 是所有采样方法中最为特殊的一种，迭代步数对它是不起作用的，所以不论设置迭代步数为多少，生成效果都是相同的，如图 1-15 所示。

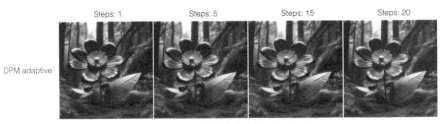

图 1-15　不同迭代步数的出图效果五

（4）Stable Diffusion 最早期版本使用的采样器包括 DDIM 和 PLMS 两种，PLMS 速度要比 DDIM 略快一些，推荐使用的迭代步数范围均为 25~35，如图 1-16 所示。

图 1-16　不同迭代步数的出图效果六

（5）较新版本中推出的 UniPC、Restart 和 LCM 三种采样方法，如图 1-17 所示。三者的计算原理与其他种类均不相同，但都是在迭代步数为 10 左右时便能生成较高质量的图像，考虑到稳定性可以使用 20 左右的迭代步数。

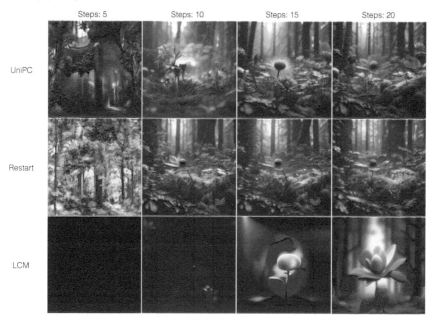

图 1-17 不同迭代步数的出图效果七

其中 UniPC 采用统一预测矫正器，当迭代步数大于 5 时，就能开始生成很有意义的图像，计算速度也很快，但不同步数之间图像内容变化会比较大，推荐在平面、卡通图像中使用。Restart 每一步的计算速度较UniPC 略慢一些，但生成完整且稳定的图像所需要的步数会比 UniPC 更少一些。LCM 在较低的迭代步数上就能生成不错的图像，但是对于物体质感的表现很差，而对于皮肤和毛发的处理效果尚佳，所以通常用于人像的生成，是一款典型的以牺牲画质来换取低步数快速生成的采样器。

## 1.2.3 高分辨率修复

高分辨率修复可用于在生成图像时直接对图像进行放大，从而一次性得到分辨率更高的高清大图，而不需要等待图像生成之后再次进行放大操作。虽然 Stable Diffusion 模型的图像生成分辨率已经提高至 1024×1024，但如果想要更大分辨率的图像，直接生成除了会给计算机硬件带来沉重负担之外，大概率还可能生成多人、多头、多肢体的混乱画面，因此先设置合适的图像生成分辨率，再使用高分辨率修复来进行放大，效果会更好一些。打开高分辨率修复后，就会出现如图 1-18 所示的更多选项以供设置，其中最重要的就是放大算法和放大倍数两个参数。

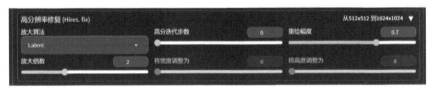

图 1-18　高分辨率修复

放大算法是指图像放大时 AI 的计算方法，目前有如图 1-19 所示的 13 种方法，选择不同的算法放大时，整体内容基本不变，但细节上还是略有差异，如图 1-20 所示。

名字包含 Latent 的六种算法属于潜变量算法，适用于大部分情况下的图像放大，使用范围最为广泛，Latent 为基本算法，下面五种则是在其基础上进行的更为精确的调

图 1-19　放大算法

整。Latent（antialiased）是潜变量抗锯齿算法，Latent（bicubic）是潜变量双三次插值算法，Latent（bicubic antialiased）是潜变量双三次插值且抗锯齿算法，Latent（nearest）是潜变量近邻插值算法，Latent（nearest-exact）是潜变量近邻插值精确算法，虽然略有不同，但在实际使用时对整体效果的影响并不大。

无就是直接进行放大，不使用任何 AI 算法。

Lanczos 和近邻插值是纯数学的传统计算方法，不会对图像在放大过程中出现的像素缺失进行过多的弥补，导致图像在细节上略显模糊，放大查看甚至会出现锯齿状边缘，效果只比简单粗暴地直接拉伸好一点。

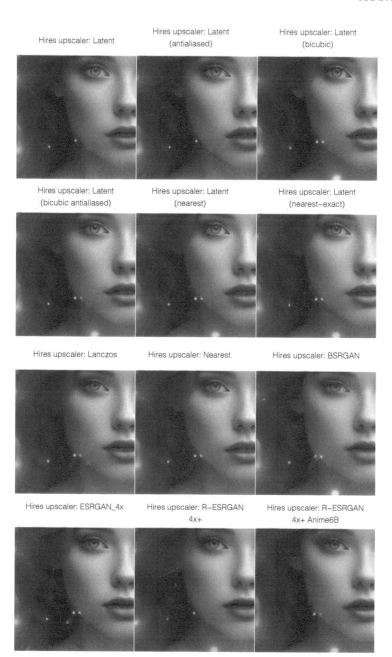

图 1-20　其他参数相同，使用不同放大算法将图像放大三倍，对放大后的图像进行细节上的对比，
可以发现不同算法下所具有的明显差别，尤其表现在毛发和皮肤的质感上

其他四种算法则是使用 AI 对放大时缺失的像素进行合理补充，其中，BARGAN 注重颜色变化的丰富程度和层次感，适合表现色彩张力的图像；ESRGAN_4x 注重画面的纹理感和真实感，适合富有肌理效果的图像；R-ESRGAN 4x+ 是 ESRGAN_4x 的增强版，但效果较为平滑，同时也兼顾了细节的丰满度，适合处理写实风格的图像；R-ESRGAN 4x+ Anime6B 是基于 60 亿动漫参数训练而成，色彩对比度十分强烈，适合动漫风格的二次元图像。

高分迭代步数是指放大图像时的计算步数，数值范围为 0~150，通常不建议额外增加计算步数，避免给计算机带来更大负担，因此使用默认的数值 0 即可。

重绘幅度是指放大图像时允许 AI 调整画面的权限程度，数值范围为 0~1。数值过大，放大后的图像可能会偏离原图，数值过低又会使得 AI 补充像素不合理，通常建议范围为 0.4~0.7。

放大倍数是指放大后的图像是原始图像的几倍，范围为 1~4，可以使用小数，最小调整幅度为 0.05，如 2.05、2.1、2.15、2.2 等。

将宽度调整为和将高度调整为可以直接设定调整后的图像大小，这两个参数与放大倍数不可同时使用，使用其中一项时，另一项为灰色，处于不可用的状态。如果宽度和高度只设置其中之一的数值时，则默认这两个参数均为该数值，如将宽度调整为 2048，高度不设置，则生成图像像素为 2048x2048，反之亦然。

## 1.2.4　Refiner

Refiner 可以在 Stable Diffusion 的模型基础上叠加一个其他的模型，对图像进行分阶段的二次处理，如图 1-21 所示。

图 1-21　Refiner

　　如果不开启 Refiner 选项，就表示从始至终只使用 Stable Diffusion 模型选项中所选择的模型对图像进行生成，从而得到与该模型风格类似的图片。如果开启 Refiner 选项，则表示在图像生成的不同阶段使用不同的模型对结果进行计算，从而使得生成的图片具有两种不同模型的融合风格。

　　模型列表中会显示当前计算机中已经安装的所有模型，可以任意选择。但需要注意的是，当使用 Stable Diffusion（SD XL）模型时，这里的 Refiner 模型必须选择以 SD XL 为底模训练得到的其他模型，如果底模不一致，就会因训练数据的内容和大小等因素导致出图效果扭曲混乱，如图 1-22 所示。

Refiner 选择 SD XL 底模的其他模型　　　　　Refiner 选择非 SD XL 底模的其他模型

JuggernautXL.safetensors　　　　　　　　　　majicmixRealistic.safetensors

图 1-22　Stable Diffusion 模型使用 SD XL 模型，Refiner 模型分别选择相同底模和
不同底模的其他模型时的出图效果

　　切换时机用于设置开始使用 Refiner 所选模型的时间，数值范围为 0.01~1，默认值为 0.8。如果使用默认的 0.8，就表示在使用 Stable Diffusion 模型选项中所选择的模型生成图像至总进程的 80% 时，切换成 Refiner 这里所选择的模型来继续生成图像直至完成总进程，这样生成的图像往往具有更偏向于 Stable Diffusion 模型的风格，Refiner 模型只会

产生较小的影响。

使用该选项可以将同底模的两个模型进行任意搭配来生成新图，并通过切换不同的时机数值来得到更多不同程度融合的效果，如图 1-23 所示，切换时机数值越小，生成图片的效果越偏向于 Refiner 模型；切换时机数值越大，生成图片的效果越偏向于 Stable Diffusion 模型。

图 1-23　切换时机分别为 0.2、0.5、0.8 时的出图效果

当然，也并非所有组合都会给人惊喜，也有可能会是惊吓，所以具体选择哪两个模型进行组合，以及以什么比例进行组合，都是需要大家不断探索来得到经验并加以合理使用的。

## 1.2.5　宽度和高度

　　宽度和高度用于设置输出图片的分辨率大小，范围均为 64~2048，默认值为 512x512。宽度和高度的选项后面还有一个上下箭头的按钮，是宽度和高度数值的交换按钮，点击该按钮，可以对宽度和高度的数值进行互换操作。

　　因为 Stable Diffusion 出图所依据的数据库基本上来自其发布的官方模型，而官方训练时所使用的图片从最早的 512x512，到之后的 768x768，再到 SD XL 模型的 1024x1024，不断的换代升级也令使用者可选择的范围越来越广。

　　不论模型版本如何更新，生成图片的尺寸始终要与该模型所使用的训练图片相适应，到了 SD XL 这一版本，毫无疑问，1024 左右的分辨率是生成图片时的最佳选择，如图 1-24 所示，略小一些到 768 也尚可接受，

图 1-24　在 Stable Diffusion 模型中，不论是人物，还是静物，过低的分辨率反而降低了画面的
　　　　质量，人物在结构和构图上都有些问题，静物在轮廓和光影上则较为粗糙，画面的细节和
　　层次感也不够丰富，略高的分辨率，如 768~1024 是最适合 Stable Diffusion 模型出图的尺寸

但再小就无法呈现出画面本该有的效果了。

当然，分辨率太大也不行，就像在最初版本都是以 512x512 的图片为训练集时，非要强行输出 1024x1024 的图片，就会出现多人、多头、肢体混乱等情况，在 SD XL 以 1024x1024 的图片为训练集的前提下，如图 1-25 所示，若尺寸略大一些（如 1440 时），还能保证画面的完整性，但要是直接输出 2048 的图片那么效果就惨不忍睹了，所以在需要更大分辨率时，还是要使用高分辨率修复或其他放大图像的方法。

图 1-25　左图为 1440x1440，右图为 2048x2048

## 1.2.6　总批次数和单批数量

总批次数和单批数量可用于设置点击一次生成按钮得到的图片数量。

总批次数是指出图的次数，相当于重复点击生成按钮多次，每次出图都使用不同的种子数，图片之间差异性较大，数值范围为 1~100，默认设置为 1。单批数量是指出图的数量，相当于点击一次生成按钮同时生成多张图片，所有图片都使用相同的种子数，图片具有一定的相似性，数值范围为 1~8，默认设置为 1。

总批次数和单批数量都可以控制一次性生成图片的数量，比如设置总批次数为 8，单批数量为 1，则每次生成 1 张图，按序生成 8 次，最终得到 8 张图；如果设置总批次数为 1，单批数量为 4，则每次生成 4 张图，按序生成 1 次，最终得到 4 张图；如果设置总批次数为 4，单批数量为 3，则每次生成 3 张图，按序生成 4 次，最终得到 12 张图；综上可知，最终得到的图片数量是总批次数乘以单批数量的积。

虽然可以使用这两个参数增加图片生成数量来减少工作量，但是单批数量越大，对显存的要求越高，如果计算机显存不够大，则建议将该数值保持为 1，使用总批次数来控制出图数量，避免显卡因负担过重而崩溃。

## 1.2.7　提示词引导系数

提示词引导系数是指出图时对于提示词的依赖程度，范围为 1~30，默认值为 7，数值越大，出图结果与提示词的关联度越高，数值越小，出图结果中 AI 自由发挥生成的元素就越多，与提示词的关联度会更低一些，一般设置在 10 左右时，较为符合大部分使用者的出图要求，如图 1-26 至图 1-28 所示。

图 1-26　提示词引导系数小于 5 时，画面模糊且昏暗，出图效果也比较不稳定

图 1-27　提示词引导系数在 10 左右，范围大约为 5~15 时，画面主体内容突出，
色彩鲜艳明亮，完成度较高

CFG Scale: 17.0     CFG Scale: 21.0     CFG Scale: 25.0     CFG Scale: 28.0

图 1-28　提示词引导系数大于 15 之后，画面质感会逐步变得锐利，
色彩饱和度过高且杂色增多，细节反而被弱化

## 1.2.8　随机数种子

随机数种子相当于 AI 生成图片时最初提供的噪声图参数，Stable Diffusion 的绘图原理就是先给出一个并不具备任何意义的噪声图，接着通过不断计算向提示词内容靠拢，并结合其他参数的设置给出最终结果，而这个随机数种子就代表了该噪声图。

随机数种子数值框中可填入生成图片时要使用的种子数值，后面的三个参数中第一个是骰子按钮，该按钮被点击后，种子数值就会成为 -1，代表每次点击生成按钮都会随机分配一个新的噪声图开始计算，这也就意味着每次都能得到不同的图像内容，如图 1-29 所示。

随机数种子为：86081563     随机数种子为：3386624008     随机数种子为：773340097

图 1-29　提示词为：1 Girl, brown hair with a ponytail, light brown shirt and sneakers, short pants with suspenders

其他参数设置均相同，随机数种子数值为 -1，每次点击生成按钮都会使用不同的任意种子数，得到的图像内容差异性较大

第二个按钮是循环按钮，该按钮被点击后，会将当前显示在图像框中的图像的种子数值填入数值框中，这样再次点击生成按钮时，就会使用与该图像相同的初始噪声图。

通常情况下，如果使用了相同的种子值，且其他参数也都相同，即便多次点击生成按钮，也会生成几乎完全相同的图像内容。即便更改了其他参数值，如采样方法、迭代步数、提示词引导系数等，也会因为使用了同样的初始噪声图，结果还是会具有一定的相似性，只是相似之处的多少和表现方式不同而已，如图 1-30 所示。

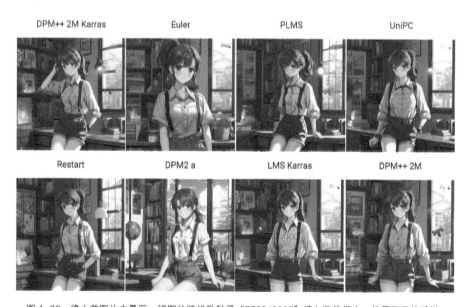

图 1-30　将之前图片中最后一幅图的随机数种子"773340097"填入数值框内，使用不同的采样方法输出图片，这些图片有的差异明显，有的较为相似，有的几乎一模一样，但不论如何改变，人物的视角、构图和周围环境的特征保持了基本的统一

第三个框被勾选后会出现变异随机种子的参数，如图 1-31 所示，它是与随机数种子配合使用的，其作用是将变异随机种子和随机数种子按照变异强度的大小进行组合。变异随机种子数值框后面的骰子按钮和循环按钮，点击后作用与随机数种子数值框后面的两个按钮相同。

图 1-31　变异随机种子

变异强度可以调整随机数种子和变异随机种子在生成图像的初始噪声图中所占的比例，数值范围为 0~1，默认值为 0。当变异强度为 0 时，表示完全使用随机数种子所代表的噪声图来生成图像，变异随机种子不发挥作用；当变异强度为 1 时，表示完全使用变异随机种子所代表的噪声图来生成图像，随机数种子不发挥作用；当变异强度为 0.5 时，表示随机数种子和变异随机种子在初始噪声图中所占比例为 1：1。由于该参数组合的是初始噪声，所以无法从两者的生成图来推测组合后的图像效果，如图 1-32 所示，因此结果到底是惊喜还是惊吓，还是需要大家亲自尝试验证。

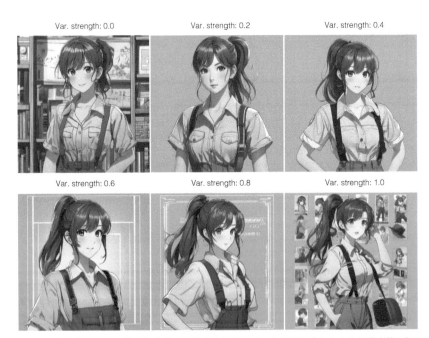

图 1-32　随机数种子为之前图片中第一幅图的随机数种子，变异随机种子为之前图片中第二幅图的随机数种子，在变异强度逐步增大时的出图效果，展现了画面内容从第一幅图逐步变化为第二幅图的整个过程

最下面的从宽度中调整种子和从高度中调整种子这两个参数，可以调整最初噪声图的尺寸，但并不能改变最终生成图像的尺寸，可是如果改变了最初的噪声图，最终生成图像的内容也会发生相应的变化，所以通常保持其为默认的 0 即可，也就是不对最初噪声图的尺寸进行调整。

## 1.3　提示词的书写

接触过 AI 绘画的人应该都知道，不论是哪种 AI 绘画方式，提示词的书写都是必不可少的，它是使用者与 AI 沟通最重要，也最为直观的渠道。在 Stable Diffusion 中，除了提示词之外的其他参数对所有人都是相同的，只要尝试的次数够多，肯定会出现数值或设置一样的情况，从这一角度来说，只有提示词是完全属于使用者个人的创意和灵感，大部分出色的作品也正是因为提示词书写得够准确和全面才得以被 AI 更好地解读，从而给出更优秀的结果。

那么在 Stable Diffusion 中，到底该如何写出更好的提示词呢？虽然目前的 Stable Diffusion 模型已经足够聪明，只需要使用翻译软件就可以给出相应的提示词内容，但这也只是及格而已，想要更上一层楼，还是需要了解其中的规则和语法，并能够熟练使用一些常见的提示词，让书写过程更为流畅顺利。

### 1.3.1　提示词的书写规则

关于提示词的书写规则，官方给出了一部分明确的说明，还有一部分是使用者在不断摸索和尝试的基础上所总结出来的经验，这里将这些规则介绍给大家，让初学者能够更快地熟悉并上手 Stable Diffusion 的使用，也让有一定经验的使用者对提示词的了解更深入，从而根据实际情况不断调整自己书写提示词的方式，让整个 AI 绘画的过程更加得心应手。

（1）提示词的支持文本。提示词目前尚不支持中文，但对于英文的理解能力已经很高了，使用翻译软件得到的结果也足够让 AI 理解所要表达的内容。英文文本可以是单词、词组，也可以是短句、长句，词句之间使用半角逗号分隔，词组和句子的单词之间该有的空格不能缺少，避免 AI 将两个或多个单词错认为一个，导致理解错误。

（2）提示词的理解方式。AI 如何理解提示词内容并不是本书探讨的主要内容，使用者也无须耗费精力去深入学习，不过略知一二还是会对更好地书写提示词有所帮助。Stable Diffusion 使用 CLIP 文本编码器来解析文本，该编码器既能够理解单词、词组这种标记性语言，也能够理解短句、长句这种自然性语言，还会自动查询不同词句之间是否存在关联，大大降低了书写提示词的难度。另外，除了英文，CLIP 对于 emoji、颜文字所代表的含义也能给出匹配的解析，所以在提示词中使用这两者也是被允许的。

（3）提示词的书写顺序。在许多词汇组成的文本之中，Stable Diffusion 会将排列顺序靠前的词汇作为重点来进行生成，排序越靠后，对结果产生的影响越小。另外，提示词的词汇量也并不是越多越好，除了将重点词汇放在前面之外，还要考虑每个词的比重，词汇量越大单个词汇的比重也就越低，反而影响 AI 发挥，所以要书写前先阐明重点词汇，之后的词汇则要围绕其特征进行书写，细致程度也要适可而止。这里给大家一个小建议，为了让提示词的内容清晰明了，描绘同一个事物的文本要放在一起，不同类的词汇可以换行进行区分，比如我们通常会将提示词分为三行，第一行描述主体事物，也就是画面的主要内容，如人物、动物、静物等；第二行描述周围的环境和背景，如色彩、光线、地点等；第三行则留给控制画面品质的词汇，如高分辨率、高品质、高细节等；这样既展现了正确的主次关系，也便于使用者在修改时查找相关内容。

（4）提示词的拼写错误。书写提示词过程中避免不了会出现拼写错误，对于 CLIP 文本编码器来说，大部分手误是能够被识别为正确含义的，但对于 CLIP 训练时接触较少的罕见词，即便书写正确也会被识别为其他类似的常见词，所以最好尽量少用罕见词，避免识别错误。另外，CLIP 一般只会将词汇识别为一种意思，如果某个单词有多种含义，很可能也会被误解。

（5）提示词的借鉴使用。在 AI 绘画的世界中，使用者相互之间复制提示词内容是一件十分常见且完全被允许的事情，但在使用别人的提示词后，往往也无法得到与之类似的结果，一方面的问题在于参数的设置，另一方面很可能是因为提示词中涉及了其他模型或插件的调用，若并未安装这些模型或插件，就算使用了相同的提示词，也无法调用其内容，结果自然也不会相同。

## 1.3.2　提示词的书写语法

了解了提示词的书写规则之后，我们来具体看一下在书写过程中可能会使用到的相关语法，它们的主要作用是改变某些词汇的权重、调整提示词的使用时机、组合或打断提示词之间的联系等，有了这些语法符号或单词，就能更加方便灵活地修改提示词，使提示词中的部分文本在最终效果中得到更多或更少的展现。

（1）调整提示词的权重。（）和 [ ] 这两个符号分别用于增加权重和降低权重，前者可以增加 1.1 倍权重，后者可以降低 0.9 倍权重，叠加使用时则增加或降低倍数相乘的权重，举例说明：

（提示词）表示权重增加 1.1 倍；

（（提示词））表示权重增加 1.1x1.1 倍，即 1.21 倍；

（（（提示词）））表示权重增加 1.1x1.1x1.1 倍，即 1.33 倍；

[ 提示词 ] 表示权重降低 0.9 倍；

[ [ 提示词 ] ] 表示权重降低 0.9x0.9 倍，即 0.81 倍；

[ [ [ 提示词 ] ] ] 表示权重降低 0.9x0.9x0.9 倍，即 0.73 倍。

另外，还可以使用（提示词：权重数值）的语法结构直接设置权重的改变数值，权重数值的范围为 0.1~100，数值大于 1 则为增加权重，数值小于 1 则为降低权重，举例说明：

（提示词：1.5）表示权重增加 1.5 倍；

（提示词：0.7）表示权重降低 0.7 倍。

（2）分步对提示词进行绘制。[ 提示词 a：提示词 b：分步数值 ] 的语法结构可以在不同步数中使用不同的提示词，分步数值的范围为 0~1，表示对当前迭代步数的分割比例，假设当前迭代步数为 30，举例说明：

[ 提示词 a：提示词 b：0.5] 表示前 15 步使用提示词 a 的文本，后 15 步使用提示词 b 的文本；

[ 提示词 a：提示词 b：0.8] 表示前 24 步使用提示词 a 的文本，后 6 步使用提示词 b 的文本。

该语法也有另一种表示方法，[ 提示词：分步数值 ] 表示在该分步数值之后使用该提示词文本，[ 提示词：：分步数值 ] 表示该分步数值之前使用该提示词文本，举例说明：

[ 提示词 a：15] 表示 15 步之后使用提示词 a 的文本；

[ 提示词 b：：15] 表示 15 步之前使用提示词 b 的文本。

（3）交替对提示词进行绘制。[ 提示词 a| 提示词 b| 提示词 c] 的语法结构可以按照顺序在每一步中使用不同的提示词来生成图像，如第 1 步使用提示词 a，第 2 步使用提示词 b，第 3 步使用提示词 c，第 4 步使用提示词 a，第 5 步使用提示词 b，第 6 步使用提示词 c…… 依次循环。在实际使用中并未限制可使用的提示词个数，可以是这里所列举的 3 个，也可以是 4 个、5 个、6 个 …… 但是，提示词数量越多，每个提示词的权重就越低，且越靠后的提示词权重就会更低。

（4）组合提示词的内容。大写的 AND 可以将多个提示词的内容组合起来，为了与小写的 and 在提示词中所表示的意义区别开，这里只有使用大写才会被识别为相应的语法，举例说明：

提示词 a dog and a cat 或 a dog, a cat 生成的一幅图中分别有一只狗和一只猫的可能性较大；

提示词 a dog AND a cat 生成的一幅图中有一个兼具狗和猫特征的动物的可能性较大。

（5）断开提示词的联系。大写的 BREAK 可以将多个提示词之间的关联断开，同样只有使用大写才会被识别为相应的语法。这里需要补充一点小知识，由于 Stable Diffusion 会把提示词框中所有文本按照 75 个词汇（包括标点符号和数字在内）为一组的方式进行划分，在这 75 个词汇中，顺序越靠前的权重越高，每一组的权重都会分别计算，比如某段提示词有 100 个词汇，前 75 个为一组，后 25 个为一组，那么后 25 个词汇中的第一个词汇权重就会比较高，因为 CLIP 会对每一组进行单独处理。如果提示词中包含主体、背景、品控这三部分，且每部分都比较重要，我们希望 Stable Diffusion 对每一部分都给予同样的重视，那么在每部分之间加上 BREAK，就会将它们分成不同组进行处理，从而达到改变提示词权重的目的。

## 1.3.3　提示词分类

在提示词的书写规则中，我们已经强调了提示词的书写顺序并给出了书写建议，所以在书写时通常会将其分为三个类别，即内容提示词、背景和环境提示词、品控提示词。

内容提示词是整段提示词中最重要的部分，它涵盖了对于画面主体的各种描述，也是使用者与 AI 沟通时对于图像内容最直观的表述。虽然现在使用翻译软件也已经能够达到顺利书写提示词的标准，但有时翻译得到的结果在 CLIP 文本编码器中并不能被识别为正确的含义，而且很多二次元的专用名词也可能无法进行准确的翻译，所以对于一些常见的提示词我们还是有必要掌握的。

背景和环境提示词的重要性不及内容提示词，但也是一幅完整图像中不可或缺的组成，是对于主体内容完善性的补充，比如当人物为主体时，合适的背景和环境能够为人物的身份、动作提供必要的说明，还可以营造与之相符合的色彩氛围，增强画面的情景感和故事感。即便不需要环境的加持，也需要对背景进行说明，比如白色背景、简单背景等，否则 AI 会根据主体内容的描述随机绘制相应的常见场景，也会违背使用者的作图初衷。

品控提示词是指可以或多或少提高画面品质的提示词，包括正向品控词和反向品控词两种，比如能让图像呈现出更高的分辨率、更多的细节和更丰富的内容，或者能让图像避免出现糟糕的质量、错误的身体结构和少儿不宜的内容等。虽然在 SD XL 模型版本中，画质已经比之前的版本有了大幅度提高，但使用相应的品控词可以为画面锦上添花，相当于给出图效果增加一道保险。

　　内容提示词、背景和环境提示词会根据出图要求的不同而不断变化，但是品控提示词则较为统一，前两者会在后面的章节中详细讲解，这里则展示部分常用的品控词，它们普遍适用于任何图像，不过在实际使用时，可以针对不同的主体，如人像、静物、风景等选择相应的品控词组合，使其成为预设内容，不必每次都手动输入。

**常见的正向品控词**

| 杰作 | masterpiece | 2K 分辨率 | 2K | 完美照明 | perfect lighting |
|------|------|------|------|------|------|
| 高质量 | high quality | 4K 分辨率 | 4K | 清晰的脸 | clear face |
| 超高质量 | hyper quality | 8K 分辨率 | 8K | 精致的脸 | exquisite face |
| 高分辨率 | highres | 高动态 | HDR | 精雕细刻 | intricate |
| 超高分辨率 | ultra high resolution | 高清 | HD Quality | 景深效果 | matte painting |
| 高细节 | highly detailed | 超高清 | UHD | 专业效果 | professional |
| 超高细节 | ultra detailed | 全高清 | FHD | 突出主体 | bokeh |
| 极高细节 | extremely detailed | 清晰聚焦 | sharp focus | 超精细绘画 | ultra-fine painting |
| 清晰细节 | sharp detailed | 壁纸效果 | wallpaper | | |

**常见的反向品控词**

| 低分辨率 | LOW | 画手太差 | poor drawing skills | 丑陋的 | ugly |
|------|------|------|------|------|------|
| 普通质量 | normal quality | 手指融合 | finger fusion | 单色 | monochrome |
| 低质量 | low quality | 缺少手臂 | missing arms | 灰色 | grayscale |
| 最差质量 | worst quality | 缺少腿部 | missing legs | 模糊 | blurry |
| 错误的人体 | wrong human body | 多余手臂 | extra arms | 虚影 | ghosting |
| 错误的手 | wrong hand | 多余腿部 | extra legs | 文字 | text |
| 缺少手指 | missing fingers | 错误的脚 | wrong foot | 水印 | watermark |
| 多余手指 | extra fingers | 错误的比例 | bad proportions | 署名 | signature |
| 太少手指 | too few fingers | 多余肢体 | extra limbs | 商标 | logo |
| 手部变异 | mutated hands | 不适宜内容 | unsuited content | | |

## **1.4　Stable Diffusion 的模型**

　　模型是 Stable Diffusion 在生成图像时所参考的数据库，这个模型数据库中都有哪些类型的图像，那么生成的图像也会与之类似。SD XL 作为包罗万象的基础大模型，在提示词中写入相应的风格词便能生成对应风格的图像，但也正因如此，SD XL 对每种风格的表现都比较均衡，很难达到某些极致的要求。此时就需要引入以 SD XL 为底模开发出的各种更具有风格代表性的模型，这些模型既包含如同 SD XL 模型一般文件体积较大的大模型，也包含体积较小的几种小模型，下面我们一一进行介绍。

## 1.4.1　模型的安装

不论是大模型，还是小模型，都需要下载安装后方可使用，安装的方法一般有两种，第一种是在我们推荐的秋叶启动器中直接进行加载，在之前提到过的"模型管理界面"可以查看当前提供的所有模型，包括 Stable Diffusion 大模型，也包括 Embedding、Hypernetwork 和 LoRA 这样的小模型，可以自行搜索、查看介绍，对需要安装的模型点击后面的下载按钮并加以勾选即可。

第二种方法就是在如图 1-33 所示的 HuggingFace、Civitai、Discord、Reddit 等网站或社群中查找并下载需要的模型至本地计算机，而后将其存放在相应的文件夹中。

图 1-33　HuggingFace 网站和 Civitai 网站

Stable Diffusion 模型对应于启动器文件夹下 models 文件夹内的 Stable-Diffusion 文件夹。

Embedding 模型对应于启动器文件夹下的 embeddings 文件夹。

Hypernetwork 模型对应于启动器文件夹下 models 文件夹内的 hypernetwork 文件夹。

LoRA 模型对应于启动器文件夹下 models 文件夹内的 Lora 文件夹。

存放好文件后回到软件主界面，在如图 1-34 所示的相应选项卡中刷新模型列表，就可以选择并使用这些模型了。

图 1-34　模型选项卡

## 1.4.2　Stable Diffusion 大模型

Stable Diffusion 大模型的体积通常以 GB 为单位计算，这些模型使用了大量相近风格的图片进行训练，让 AI 通过学习和分析这些图片，达到能够"认识"该风格的特点，并输出同风格图片的目的。在 SD XL 模型发布之后，制作者也与时俱进，训练了许多以 SD XL 为底模的各种风格的大模型，这里我们推荐几款好评度较高、实用性较强的模型，供大家参考选择。

（1）真实系大模型：Juggernaut XL，如图 1-35 所示。该模型在表现真实人物、动物和场景方面令人惊叹，尤其是对于毛发细节、皮肤纹理、物体质感等方面的掌控几乎达到了以假乱真的程度。

（2）二次元大模型：CounterfeitXL，如图 1-36 所示。该模型是一款高质量的、专用于日式动画图片输出的模型，不论是画面内容或主体构图，还是色彩质感或光影效果上，都有着不俗的表现。

（3）国风大模型：[SDXL]RongHua，如图 1-37 所示。该模型是一款完全基于 SD XL 大模型独立训练而来的国风模型，没有融合其他的任

图 1-35　Juggernaut XL　　　　　　　图 1-36　CounterfeitXL

何模型，它并没有限制于某一个朝代的风格，而是兼容多种风格，通过对服装、道具和妆容进行提取后，整体表现出中国古典风格。

（4）迪士尼风格大模型：DisneyRealCartoonMix，如图 1-38 所示。该模型是一款融合模型，是将作者曾经训练出的 Modern Disney XL 模型和另一个以 2.5 次元著称的 RealCartoon-XL 模型合并后得到的，从而使得该模型同时具有了迪士尼和 2.5D 的风格，生成的人物形象更富有立体感，皮肤的质感更加细腻光滑，头发的处理在动画和真实之间取得了平衡，服饰的质感和色彩也有了一定的提升。另外，除了在文生图中使用该模型，作者还提供了另外一种思路，那就是在图生图中使用。作者建议使用一张人物的真实照片作为原图，通过较低的重绘幅度和较高的迭代步数来达到将照片转变为迪士尼风格的目的。

图 1-37　[SDXL]RongHua　　　　　　图 1-38　DisneyRealCartoonMix

### 1.4.3 Embeddings 小模型

不同于体积大、风格广的大模型，Embeddings、Hyernetwork 和 LoRA 都属于更专业、更精美的小模型，它们不但体积远远小于大模型，还会针对某些特定的人物、构图或画风来进行专门的微调，从而实现在大模型的范围内分出更为细致的类别。

Embeddings 中文名是"文本嵌入"，体积往往只有几十或几百 KB，其原理是通过嵌入式向量影响 AI 索引信息，加强提示词的指向性，从而令 AI 更准确地理解提示词并生成相应的图像。简单来说，我们可以将其理解为一种对提示词更详细、更全面的解释，对于某些需要大量词汇来说明的对象，加载相应的 Embeddings 就可以省略这一步骤，并达到相同的效果。

Embeddings 的用途很广泛，如设置专门的正向或反向提示词、输出特定的人物形象、生成特定的构图效果等，如图 1-39 和图 1-40 所示。

图 1-39　左图为未使用 Embeddings 模型的效果，中图和右图为使用具有卡哇伊特征的
"Mega Kawaii" Embeddings 模型的效果

Embeddings、Hyernetwork 和 LoRA 的使用方法与大模型不同，不是在模型列表中进行选择，而是在各自的选项卡中点击相应的模型名称，该模型名称就会显示在提示词框中，表示调用成功。需要注意的是，不论

当前光标放置在什么位置，点击模型名称后，都会将代表该模型的提示词放在所有提示词的最后，所以当需要根据顺序来分配权重时，只能手动调整或提前设计好提示词的顺序。

图 1-40　左图为未使用 Embeddings 模型的效果，中图和右图为使用令画面富有奢华感的"Style Luxury"Embeddings 模型的效果

## 1.4.4　Hypernetwork 小模型

Hypernetwork 中文名是"超网络"，此类模型的体积比 Embeddings 要大一些，通常是几十或几百 MB。与 Embeddings 不包含训练数据、只起到引导 AI 的作用不同，Hypernetwork 是通过适量的数据训练后，达到帮助 AI 识别某些风格差别很小的目的，比如同为动画风格中不同角色的差别，或同为某个绘画流派中不同画家的差别等，所以使用 Hypernetwork 可以帮助使用者输出更准确的画风图片，如图 1-41 和图 1-42 所示。

另外，Hypernetwork 还可以训练出某些特殊的艺术风格，如像素风、厚涂风、浮雕风等，还可以模仿某些艺术家的绘画风格，如梵高、莫奈、蒙克等。

Hyernetwork 的调用方法与 Embeddings 相同，只需要在相应的选项卡中点击某个模型名称，该模型名称就会显示在提示词框中，表示调用成功。

图 1-41　左图为未使用 hypernetwork 模型的效果，中图和右图为使用黑色魅影风格的
"Neo-Noir" hypernetwork 模型的效果

图 1-42　左图为未使用 hypernetwork 模型的效果，中图和右图为使用 Q 版风格的
"Chibi" hypernetwork 模型的效果

除此之外，Hypernetwork 还有另一种调用方法，通过手动在提示词框中输入 <hypernet: 文件名 :1> 这样的固定调用格式，其中的文件名就是需要调用的 Hyernetwork 的模型名，不需要书写后缀，如果在文件夹中修改过该模型的名称，则需要写入修改后的名称，否则调用时会找不到该文件，导致调用失败。

## 1.4.5　LoRA 小模型

LoRA 的英文全称为"Low-Rank Adaptation Models"，中文名是"低秩模型"，其模型体积与 Hypernetwork 类似，在几十至几百 MB 之间。与 Embeddings 和 Hypernetwork 相比，毫无疑问 LoRA 对于 AI 绘画使用者来说更熟悉、更常用，究其原因，可以归纳为两点：

（1）LoRA 是在某个具有特定风格的大模型基础上进行微调训练后生成的，训练门槛大大降低，通常使用本地计算机就可以进行训练，这就使得很多迫于硬件设备或其他条件限制无法进行大模型训练的开发者，转而使用 LoRA 来训练某个特定的形象，以供自己或分享给大家使用，从而形成了 LoRA 模型井喷式的发展趋势，不论是人物形象或画面风格，还是服饰类型或固定元素，无数种 LoRA 模型都可以在相关网站和社群中任意选择，相应地，使用者自然也不计其数。

（2）LoRA 虽然没有大模型数据量那么庞大，但体积大大减小之后，使用者不论是下载、传输，还是分享、转发，都变得更加方便快捷，而且很多在大模型中无法明确指定的风格类型，通过 LoRA 模型微调之后就能很好地表现出相应效果，从而实现一个大模型搭配不同 LoRA 后生成不同类型图片的效果。

在众多 LoRA 模型中，角色和画风是最常见的三个类型，使用相应的模型，会让你的图片立刻呈现出不一样的效果，如图 1-43 和图 1-44 所示。

图 1-43　左图为未使用 LoRA 模型的效果，中图和右图为使用玛奇玛角色风格的
"Makima" LoRA 模型的效果

图 1-44　左图为未使用 LoRA 模型的效果, 中图和右图为使用吉卜力工作室风格的
"GhibliStyle" LoRA 模型的效果

# 第 2 章

## 不同应用方向的呈现

　　本章展现了在 AI 绘画中的不同应用方向，包括时尚设计、室内设计、建筑环境设计、广告创意、动画设计和产品设计这六大类设计领域，且每个类型又包含两个不同的小类别，以深入探讨不同应用方向中 AI 的艺术表现。这些设计领域都是人们日常生活中经常会接触到的方向，同时也是大部分设计师比较熟悉的领域，使用 AI 绘制的目的是共同探索 AI 绘画对于设计工作到底会产生怎样的影响。

## 2.1 时尚设计

时尚设计是设计领域中涵盖十分广泛的分类，包括关于时尚的方方面面，有人认为时尚与普通民众无关，其实不然，它渗透了生活的各个细节，不管是引领时尚，还是接受时尚，只要存在于社会之中，就无法离开时尚。

### 2.1.1 服装设计

服装设计是时尚设计中十分重要的内容，具体是指某一时间段内流行的服装风格、款式、颜色等特征，为了引领潮流或追随潮流，设计师们会设计出各种或迎合大众、或吸引大众、或特立独行、或别出心裁的服装进行展示，这样成为时尚的一部分。

**常见的服装设计相关提示词参考**

| 时尚设计 | fashion design | POLO 衫 | polo shirt | 喇叭裙 | flare skirt |
|---|---|---|---|---|---|
| 服装设计 | clothing design | 毛衣 | sweater | 连衣裤 | jump suit |
| 夹克衫 | jacket | 卫衣 | hoodies | 休闲服 | casual clothes |
| 外套 | coat | 休闲裤 | casual pants | 泳装 | swimming wear |
| 风衣 | wind breaker | 运动裤 | sport pants | 旗袍 | cheongsam |
| 大衣 | overcoat | 背带裤 | overall | 睡袍 | night-robe |
| 羽绒服 | down jacket | 灯笼裤 | knickerbockers | 晚礼服 | evening dress |
| 西服 | suit jacket | 裙裤 | culottes | 燕尾服 | swallow-tailed coat |
| 男式衬衫 | shirt | 牛仔裤 | jeans | 套装 | suit |
| 女式衬衫 | blouse | 喇叭裤 | flared trousers | 比基尼 | bikini |
| 有领衬衫 | collared shirt | 短裤 | shorts | 校服 | school uniform |
| 西服衬衫 | dress shirt | 超短裤 | mini pants | 家居服 | loungewear |
| 水手服衬衫 | sailor shirt | 哈伦裤 | harem pants | 分体睡衣 | pajamas |
| 露肩衬衫 | off-shoulder shirt | 工装裤 | cargo pants | 浴袍 | bathrobe |
| 夏威夷衬衫 | hawaiian shirt | 迷彩裤 | camouflage_pants | 女士睡裙 | nightgown |

（续）

| 格子衬衫 | plaid shirt | 七分裤 | capri pants | 运动服 | sportswear |
| --- | --- | --- | --- | --- | --- |
| 系带衬衫 | tied shirt | 连衣裙 | dress | 长袍 | robe |
| 吊带衫 | camisole | 短款连衣裙 | shortdress | 婚纱 | wedding dress |
| 西装马甲 | waistcoat | 长款连衣裙 | long dress | 水手服 | sailor |
| 开襟毛衫 | cardigan | 褶皱连衣裙 | frilled dress | 和服 | kimono |
| 短上衣 | crop top | 半身裙 | skirt | 短款和服 | short kimono |
| 紧身衣 | skin tight garment | 迷你裙 | miniskirt | 汉服 | hanfu |
| 背心 | vest | 铅笔裙 | pencil skirt | 洛丽塔服饰 | lolita |
| 披风 | cape | 蓬蓬裙 | bubble skirt | 警察制服 | police uniform |
| 斗篷 | mantle | 褶裙 | pleater skirt | 航天服 | space suit |
| T恤 | T-shirt | 筒裙 | straight skirt | | |

## 实例关键词要点解析

内容提示词：时尚设计，服装设计，插画素描风格的时尚服装，连衣裙设计，色彩丰富。
背景和环境提示词：纯色背景，白色背景。
品控提示词：大师杰作，高质量，高分辨率，高细节，独创性，极高细节的壁纸效果，完美照明，令人赞叹的艺术品，专业性，获奖作品。
反向提示词：不适宜内容，最差质量，低质量，普通质量，低分辨率，丑陋的，署名，水印，文字。

57/75

Fashion design, clothing design, fashion clothing sketch with the style of illustrator, dress design, colorful, solid background, white background, (masterpiece:1.2), best quality, masterpiece, highres, original, highly detailed, extremely detailed wallpaper, perfect lighting, artwork breathtaking, professional, award-winning,

26/75

NSFW, (worst quality:2), (low quality:2), (normal quality:2), lowres, normal quality, (ugly:1.331), signature, watermark, text,

Stable Diffusion 模型：SD XL Base 1.0  采样方法：DPM++2M Karras
外挂 VAE 模型：SD XL VAE  宽度 x 高度：1024x1024
迭代步数：30  提示词引导系数：6.5

**实例关键词效果展示**

种子数:
4279027722

## 2.1.2 配饰设计

配饰就是为了搭配服装或个人需要而穿着或随身携带的物品，包括如首饰、帽子、围巾等装饰物，也包括如鞋履、包袋、腰带等实用物，甚至有时也会将眼镜、手表、打火机等物品纳入配饰等范围。

配饰设计不像服装设计，基础内容会有一定的相似性，配饰设计根据不同的方向，需要了解不同专业的内容，如首饰设计需要学习各种珠宝、贵金属等设计首饰的相关材料，包袋设计需要学习皮料、布料等设计包袋等相关材料。

## 常见的配饰设计相关提示词参考

| | | | | | |
|---|---|---|---|---|---|
| 太阳帽 | sun hat | 银手链 | silver bracelet | 拖鞋 | slippers |
| 贝雷帽 | beret | 翡翠手镯 | jade bracelet | 雪地靴 | snow boots |
| 棒球帽 | baseball cap | 水晶手镯 | crystal bracelet | 马丁靴 | martin boots |
| 草帽 | straw hat | 钻石戒指 | diamond ring | 手提包 | handbag |
| 高顶礼帽 | top hat | 金戒指 | gold ring | 小背包 | knapsack |
| 毛线帽 | beanies | 银戒指 | silver ring | 斜挎包 | crossbody bag |
| 魔女帽 | witch hat | 绿松石戒指 | turquoise ring | 单肩包 | shoulder bag |
| 小丑帽 | jester cap | 红宝石戒指 | ruby ring | 手拿包 | handheld bag |
| 护士帽 | nurse cap | 十字耳环 | cross earrings | 计算机包 | computer bag |
| 厨师帽 | chef hat | 星形耳环 | star earrings | 邮差包 | messenger bag |
| 校帽 | school hat | 环状耳环 | hoop earrings | 登山包 | backpack |
| 海盗帽 | pirate hat | 花朵耳环 | flower earrings | 化妆包 | makeup bag |
| 渔夫帽 | bucket hat | 耳罩 | earmuffs | 托特包 | tote bag |
| 安全帽 | hardhat | 耳机 | earphones | 柏金包 | birkin bag |
| 毛皮帽 | fur hat | 发带 | headband | 法棍包 | baguette bag |
| 鸭舌帽 | cap | 头冠 | head wreath | 腰包 | waist bag |
| 圣诞帽 | santa hat | 头巾 | bandana | 公文包 | briefcase |
| 风镜 | goggles | 头绳 | headrope | 书包 | schoolbag |
| 眼镜 | glasses | 发卡 | hairpin | 行李箱 | trunk |
| 圆框眼镜 | round frame glasses | 发圈 | hair band | 领结 | bowtie |
| 有框眼镜 | framed glasses | 编织腰带 | braided belt | 领带 | necktie |
| 无框眼镜 | frameless glasses | 细腰带 | thin waistband | 条纹领带 | striped tie |
| 太阳镜 | sunglasses | 腰封 | waist seal | 波点领带 | polka dot tie |
| 项圈 | collar | 皮革腰带 | leather belt | 印花领带 | print tie |
| 短项链 | short necklace | 皮鞋 | leather shoes | 眼罩 | eyepatch |
| 长项链 | long necklace | 高跟鞋 | high heels | 口罩 | mask |
| 珍珠项链 | pearl necklace | 运动鞋 | sneakers | 围巾 | scarf |
| 金项链 | gold necklace | 芭蕾舞鞋 | ballet shoe | 手表 | watch |
| 宝石项链 | gemstone necklace | 足球鞋 | soccer shoes | 头盔 | helmet |
| 十字架项链 | cross necklace | 凉鞋 | sandals | | |

## 实例关键词要点解析

内容提示词: 时尚设计, 项链设计, 插画素描风格的项链服装, 宝石项链, 色彩丰富。
背景和环境提示词: 白色背景, 简单背景。
品控提示词: 大师杰作, 高质量, 高分辨率, 高细节, 独创性, 极高细节的壁纸效果, 完美照明, 令人赞叹的艺术品, 专业性, 获奖作品。
反向提示词: 不适宜内容, 最差质量, 低质量, 普通质量, 低分辨率, 丑陋的, 署名, 水印, 文字。

| 文生图 | 图生图 | 后期处理 | PNG 图片信息 | 模型融合 | 训练 | 设置 | 扩展 |

60/75

Fashion design, necklace design, fashion necklace sketch with the style of illustrator, gemstone necklace, colorful, white background, simple background, (masterpiece:1.2), best quality, masterpiece, highres, original, highly detailed, extremely detailed wallpaper, perfect lighting, artwork breathtaking, professional, award-winning

26/75

NSFW, (worst quality:2), (low quality:2), (normal quality:2), lowres, normal quality, (ugly:1.331), signature, watermark, text,

Stable Diffusion 模型: SD XL Base 1.0
外挂 VAE 模型: SD XL VAE
迭代步数: 30

采样方法: DPM++2M Karras
宽度 x 高度: 1024x1024
提示词引导系数: 6.5

## 实例关键词效果展示

种子数:
3824454597

## 2.2　室内设计

室内设计就是对住宅空间或公共空间的室内环境部分进行设计的学科，通常包括对空间形象、室内装修、室内环境、室内陈设这四部分，我们这里所说的对家具设计和装饰设计，均属于室内陈设的范畴。

### 2.2.1　家具设计

家具设计通常会使用图像的方式来展现某件家具的外观、功能、色彩和尺寸等相关信息，让制作者和购买者都能够一目了然。高质量的设计应该满足具有实用性、舒适性、耐久性和美观性这四个方面，不论缺少了哪一个，都会让使用者产生或多或少的不满。

**常见的家具设计相关提示词参考**

| | | | | | |
|---|---|---|---|---|---|
| 室内设计 | interior design | 餐桌 | dining table | 折叠椅 | folding chairs |
| 家具设计 | furniture design | 折叠桌 | folding table | 露营椅 | camping chairs |
| 椅子 | chair | 游戏桌 | game table | 叠放椅 | stacking chairs |
| 升降椅 | lift chair | 扑克桌 | poker table | 蝴蝶椅 | butterfly chair |
| 豆袋椅 | bean bag chair | 酒桌 | wine table | 僧侣长凳 | monks bench |
| 躺椅 | chaise longue | 书桌 | desk | 奥斯曼凳 | ottoman stool |
| 扶手椅 | arm chair | 计算机桌 | computer desk | 下拉床 | pull-down bed |
| 摇椅 | rocking chair | 办公桌 | office desk | 储物床 | storage bed |
| 酒吧椅 | bar stool | 台座式办公桌 | pedestal desk | 梯椅 | ladder chair |
| 躺椅 | recliner | 写字桌 | writing desk | 瓦西里椅 | wassily chair |
| 长椅 | bench | 边桌 | side desk | 红蓝扶手椅 | red-blue armchair |
| 沙发 | sofa | 电视柜 | TV tray table | 巴塞罗那椅 | barcelona chair |
| 爱情沙发 | love sofa | 书柜 | bookcase | 聚乙烯椅 | polyethylene chair |
| 长沙发 | couch | 橱柜 | cabinet | 野口咖啡桌 | noguchi coffee chair |
| 沙发床 | sofa bed | 浴室柜 | bathroom cabinet | 儿童家具 | children's furniture |

（续）

| 凳子 | stool | 壁橱 | closet | 机械家具 | mechanical furniture |
|------|-------|------|--------|----------|----------------------|
| 脚凳 | footstool | 酒柜 | liquor cabinet | 古董家具 | antique furniture |
| 床 | bed | 餐边柜 | sideboard | 便携式家具 | portable furniture |
| 双层床 | bunk bed | 抽屉柜 | chest of drawers | 现代家具 | modern furniture |
| 架子床 | canopy bed | 床头柜 | nightstand | 木质家具 | wooden furniture |
| 墨菲床 | murphy bed | 梳妆台 | dresser | 竹制家具 | bamboo furniture |
| 雪橇床 | sleigh bed | 文件柜 | filing cabinet | 藤制家具 | rattan furniture |
| 水床 | waterbed | 置物架 | shelving | 金属家具 | metal furniture |
| 婴儿床 | infant bed | 衣帽架 | coat rack | 塑料家具 | plastic furniture |
| 幼儿床 | toddler bed | 雨伞架 | umbrella stand | 玻璃家具 | glass furniture |
| 桌子 | table | 屏风 | screen | 混凝土家具 | concrete furniture |
| 茶几 | coffee table | 箱子 | box | 黑木家具 | blackwood furniture |

## 实例关键词要点解析

内容提示词：家具设计，中式家具，插画素描风格的中式椅子，木头材质，木头颜色。
背景和环境提示词：白色背景，简单背景。
品控提示词：大师杰作，高质量，高分辨率，高细节，独创性，极高细节的壁纸效果，完美照明，令人赞叹的艺术品，专业性，获奖作品。
反向提示词：不适宜内容，最差质量，低质量，普通质量，低分辨率，丑陋的，署名，水印，文字。

文生图　图生图　后期处理　PNG 图片信息　模型融合　训练　设置　扩展

56/75

Furniture design, Chinese furniture, Chinese chair sketch with the style of illustrator, wood, wood color, white background, simple background, (masterpiece:1.2), best quality, masterpiece, highres, original, highly detailed, extremely detailed wallpaper, perfect lighting, artwork breathtaking, professional, award-winning,

26/75

NSFW, (worst quality:2), (low quality:2), (normal quality:2), lowres, normal quality, (ugly:1.331), signature, watermark, text,

Stable Diffusion 模型：SD XL Base 1.0　　　采样方法：DPM++2M Karras
外挂 VAE 模型：SD XL VAE　　　宽度 x 高度：1024x1024
迭代步数：30　　　提示词引导系数：7

**实例关键词效果展示**

种子数：
3981701779

## 2.2.2　装饰设计

　　装饰设计的目的是创造出适合居住、符合美学规律的室内空间，前者是为了合理布局以提高居住者的物质要求，后者是为了具有美观性以提高居住者的精神需求，装饰设计的范围包括墙面和地面在内的整体空间。

　　装饰设计的风格多种多样，较为常见的包括田园风格、美式风格、现代简约风格、新中式风格、日式风格、欧式古典风格等，也可以根据居住者的要求进行个性化定制，从色彩、光影、陈设、材料等各方面给予居住者最大的美的感受。

## 常见的装饰设计相关提示词参考

| 装饰设计 | decorative design | 太空时代风 | space age | 多功能厅 | function hall |
|---|---|---|---|---|---|
| 装饰艺术风 | art deco | 邋遢时尚风 | shabby chic | 天花板 | ceiling |
| 工匠风 | craftsmanship style | 热带风 | tropical | 灯光 | light |
| 新艺术风 | art nouveau | 客厅 | living room | 顶灯 | ceiling light |
| 工艺美术风 | arts and crafts | 餐厅 | dining room | 嵌入式灯 | recessed light |
| 包豪斯风 | Bauhaus | 卧室 | bedroom | 筒灯 | downlight |
| 巴洛克风 | Baroque | 浴室 | bathroom | 线槽灯 | cove lighting |
| 亲自然风 | natural | 门厅 | foyer | 落地灯 | floor lamp |
| 波西尼亚风 | Bosnian | 走廊 | hallway | 壁灯 | sconce |
| 中国风 | chinoiserie | 厨房 | kitchen | 吊灯 | pendant light |
| 沿海风 | coastal | 阁楼 | garret | 台灯 | lamp |
| 当代风 | contemporary | 地下室 | basement | 墙壁 | wall |
| 暗黑风 | dark | 阳台 | balcony | 壁纸 | wallpaper |
| 英式乡村风 | English countryside | 储藏室 | storage room | 彩绘壁纸 | painted wallpaper |
| 法式乡村风 | French rural | 书房 | study room | 印花壁纸 | printed wallpaper |
| 美式乡村风 | American countryside | 娱乐室 | recreation room | 植绒壁纸 | flock wallpaper |
| 古希腊风 | Greek | 玄关 | Porch | 墙壁贴花 | wall decal |
| 哥特风 | Gothic | 露台 | patio | 门 | door |
| 工业风 | industrial | 衣帽间 | cloakroom | 防盗门 | security door |
| 日式风 | Japanese | 工作室 | studio | 平开门 | flush door |
| 极繁主义 | maximalism | 酒窖 | wine cellar | 滑动门 | sliding door |
| 极简主义 | minimalism | 宴会厅 | banquet hall | 双折门 | two-fold door |
| 地中海风 | mediterranean | 日光房 | sunroom | 窗户 | window |
| 新古典风 | neoclassic | 楼梯间 | stairwell | 百叶窗 | window blinds |
| 现代风 | modern | 角落 | corner | 窗帘 | curtain |
| 后现代风 | post modern | 洗衣房 | laundry room | 罗马帘 | roman shades |
| 蒸汽朋克风 | steampunk | 温室 | conservatory | 遮阳帘 | solar shades |
| 托斯卡纳风 | tuscan | 陈列室 | showroom | 地板 | floor |
| 传统风 | traditional | 家庭办公室 | home office | 木地板 | wooden flooring |
| 新中式风 | new Chinese | 吸烟室 | smoking room | 瓷砖 | tile |

## 实例关键词要点解析

内容提示词：室内装饰，客厅，欧式经典风格。
风格提示词：现实风格，摄影效果，电影照片，35毫米镜头拍摄。
品控提示词：大师杰作，高质量，高分辨率，高细节，独创性，极高细节的壁纸效果，完美照明，令人赞叹的艺术品，专业性，获奖作品。
反向提示词：不适宜内容，最差质量，低质量，普通质量，低分辨率，丑陋的，署名，水印，文字。

| 文生图 | 图生图 | 后期处理 | PNG图片信息 | 模型融合 | 训练 | 设置 | 扩展 |
|---|---|---|---|---|---|---|---|

52/75

realistic, photographic, cinematic photo, 35mm photograph,
Interior decoration, living room, European classical style,
(masterpiece:1.2), best quality, masterpiece, highres, original, highly detailed, extremely detailed wallpaper, perfect lighting, artwork breathtaking, professional, award-winning

28/75

Chandelier, NSFW, (worst quality:2), (low quality:2), (normal quality:2), lowres, normal quality, (ugly:1.331), signature, watermark, text,

Stable Diffusion 模型：SD XL Base 1.0
外挂 VAE 模型：SD XL VAE
迭代步数：30

采样方法：DPM++2M Karras
宽度 x 高度：1024x1024
提示词引导系数：7

## 实例关键词效果展示

种子数：
742720862

## 2.3 建筑和环境设计

建筑设计就是设计者根据建筑物的使用要求、功能类别、周边环境、相关法规等各种因素综合考量后给出的整体设计方案，可以使用图纸和文字等方式进行表现，之后施工组织就会按照该方案进行建造。

### 2.3.1 建筑设计

我们这里所展示的建筑设计效果图或概念图只是建筑设计中的一个环节，它能够更直白地向人们展示建筑物建造完成后的基本形象，是设计师表达设计理念、传递设计观点的最佳手段。虽然 AI 生成的图片可能无法严谨地反映各项数据，但也能成为给予设计师灵感的有力助手。

**常见的建筑设计相关提示词参考**

| 建筑设计 | architectural design | 旅馆 | guest house | 地铁站 | subway station |
|---|---|---|---|---|---|
| 平房 | bungalow | 汽车旅馆 | motel | 公交站 | bus station |
| 小屋 | cottage | 主题公园 | theme park | 停车库 | parking garage |
| 小木屋 | log cabin | 游乐园 | amusement park | 中式建筑 | Chinese architecture |
| 庭院住宅 | courtyard house | 剧院 | theater | 巴洛克建筑 | Baroque architecture |
| 豪宅 | mansion | 图书馆 | library | 哥特式教堂 | Gothic cathedral |
| 错层住宅 | split level home | 美术馆 | art gallery | 法式城堡 | French chateau |
| 复式住宅 | soft loft | 博物馆 | museum | 帝国风格 | empire style |
| 双联住宅 | duplex | 学校 | school | 希腊式建筑 | Greek architecture |
| 三联住宅 | triplex | 幼儿园 | nursery school | 伊斯兰建筑 | Islamic architecture |
| 联排别墅 | townhouse | 小学 | elementary school | 玛雅式建筑 | Mayan architecture |
| 公寓 | apartment | 中学 | secondary school | 开放式建筑 | open building |
| 无电梯公寓 | walk-up apartment | 大学 | college | 奥斯曼建筑 | Ottoman architecture |
| | | 体育场 | stadium | 飞机平房 | airplane bungalow |

（续）

| 中层公寓 | mid-rise apartment | 教堂 | chapel | 伯格之家 | berg house |
|---|---|---|---|---|---|
| | | 礼拜堂 | church | 集装箱城 | container city |
| 高层公寓 | high-rise apartment | 大教堂 | cathedral | 立方体房子 | cube house |
| 宿舍 | dormitory | 修道院 | monastery | 农家 | farmhouse |
| 疗养院 | nursing home | 寺庙 | temple | 卡莱屋 | kalei house |
| 养老院 | retirement home | 神社 | shrine | 马来屋 | Malay house |
| 官邸 | official residence | 清真寺 | mosque | 麦克豪宅 | McMansion |
| 宫殿 | palace | 消防局 | fire station | 八角屋 | octagon house |
| 办公楼 | office building | 警察局 | police station | 太平洋旅馆 | Pacific lodge |
| 摩天大楼 | skyscraper | 市政厅 | city hall | 庭院之家 | patio home |
| 购物中心 | shopping center | 法院 | courthouse | 牧场风格 | ranch style |
| 超市 | supermarket | 飞机场 | airport | 西雅图盒子 | Seattle box |
| 酒店 | hotel | 火车站 | railway station | 四合院 | quadrangle dwellings |

## 实例关键词要点解析

内容提示词：建筑设计，插画素描风格的时尚建筑，中式建筑，色彩丰富。
背景和环境提示词：白色背景，天空背景。
品控提示词：大师杰作，高质量，高分辨率，高细节，独创性，极高细节的壁纸效果，完美照明，令人赞叹的艺术品，专业性，获奖作品。
反向提示词：不适宜内容，最差质量，低质量，普通质量，低分辨率，丑陋的，署名，水印，文字。

文生图　图生图　后期处理　PNG图片信息　模型融合　训练　设置　扩展

57/75

Architectural design, fashion Architectural sketch with the style of illustrator, Chinese architecture, colorful, white background, sky background, (masterpiece:1.2), best quality, masterpiece, highres, original, highly detailed, extremely detailed wallpaper, perfect lighting, artwork breathtaking, professional, award-winning

26/75

NSFW, (worst quality:2), (low quality:2), (normal quality:2), lowres, normal quality, (ugly:1.331), signature, watermark, text,

Stable Diffusion 模型：SD XL Base 1.0
外挂 VAE 模型： SD XL VAE
迭代步数：30
采样方法：DPM++2M Karras
宽度 x 高度：1024x1024
提示词引导系数：7

**实例关键词效果展示**

种子数:
4970984

## 2.3.2 景观设计

　　景观设计的主要对象是户外环境,包括建筑环境设计、园林设计、风景设计等方面,要面向所有身处公共场所中的人群,所涉及的内容、范围都更为广泛,要求设计师有更宽的知识面和更专业的综合知识技能。

　　景观设计要通过对场地的合理规划和对布景的合理安排,达到需求和环境相协调的目的,在设计过程中,要考虑到环境形象的美观程度、生态绿化的普及程度和民众心理的认可程度,明确景观设计不仅关乎环境,更关乎大众的美学文化需求。

## 常见的景观设计相关提示词参考

| | | | | | |
|---|---|---|---|---|---|
| 景观设计 | landscape design | 水上花园 | water garden | 人行天桥 | footbridges |
| 花园 | garden | 冬季花园 | winter garden | 木板路 | boardwalk |
| 中国园林 | Chinese garden | 热带花园 | tropical garden | 月亮桥 | moon bridge |
| 英式花园 | English garden | 阴凉花园 | shade garden | 吊桥 | suspension bridge |
| 法式花园 | French garden | 草坪迷宫 | lawn maze | 简单桁架桥 | simple truss bridge |
| 日式花园 | Japanese garden | 树篱迷宫 | hedge maze | 之字形桥 | zig-zag bridge |
| 日式坪庭 | Tsubo-niwa | 草坪 | lawn | 垫脚石 | stepping stones |
| 波斯花园 | Persian garden | 苔藓草坪 | moss lawn | 梁桥 | beam bridge |
| 美式花园 | American garden | 挂毯草坪 | tapestry lawn | 自行车道 | cycleway |
| 莫卧儿花园 | Mughal garden | 人造草坪 | artificial turf | 堤坝 | levee |
| 拜占庭花园 | Byzantine garden | 喷泉 | fountain | 防波堤 | breakwater |
| 巴洛克花园 | Baroque garden | 音乐喷泉 | musical fountain | 防洪墙 | flood wall |
| 空中花园 | hanging garden | 观赏喷泉 | ornamental fountain | 海堤 | seawall |
| 沼泽花园 | bog garden | 排序喷泉 | sequencing fountain | 绿道 | greenway |
| 植物园 | botanical garden | 喷泉广场 | fountain square | 河滨绿道 | riverside greenway |
| 社区花园 | community garden | 飞溅喷泉 | splash fountain | 休闲绿道 | recreation greenway |
| 前花园 | front garden | 风景大道 | landscape avenue | 自然走廊 | natural corridor |
| 后花园 | back garden | 林荫道 | tree avenue | 玻璃通道 | glass channel |
| 花园 | flower garden | 河滨漫步 | riverwalk | 公园大道 | parkway |
| 花园广场 | garden square | 河滨公园 | river walk park | 线性公园 | linear park |
| 纪念花园 | memorial garden | 栈道 | plank road | 铁轨 | rail trail |
| 图案花园 | pattern garden | 人行步道 | footpath | 凉亭 | gazebo |
| 游乐园 | pleasure garden | 池塘 | pond | 绿化墙 | green wall |
| 雨水花园 | rain garden | 花园池塘 | garden pond | 月亮门 | moon gate |
| 岩石花园 | rock garden | 人工池塘 | artificial pond | 露台 | terrace |
| 屋顶花园 | roof garden | 天然池塘 | natural pond | 凉棚 | pergola |
| 学校花园 | school garden | 冷却池 | cooling pond | 花坛 | parterre |
| 玫瑰花园 | rose garden | 露水池 | dew pond | 鸟舍 | aviary |
| 雕塑花园 | sculpture garden | 倒影池 | reflecting pond | 遮阳棚 | shade house |
| 垂直花园 | vertical garden | 鱼池 | fish pond | 假山 | rockery |

## 实例关键词要点解析

内容提示词: 景观设计, 插画素描风格的时尚景观, 穿过城市的河流, 河滨公园, 俯视视角, 平面图, 色彩丰富。
背景和环境提示词: 白色背景。
品控提示词: 大师杰作, 高质量, 高分辨率, 高细节, 独创性, 极高细节的壁纸效果, 完美照明, 令人赞叹的艺术品,
专业性, 获奖作品。
反向提示词: 不适宜内容, 最差质量, 低质量, 普通质量, 低分辨率, 丑陋的, 署名, 水印, 文字。

| 文生图 | 图生图 | 后期处理 | PNG 图片信息 | 模型融合 | 训练 | 设置 | 扩展 |

62/75

Landscaping design, fashion Landscaping sketch with the style of illustrator, Rivers pass through the city, riverside parks, from above, plan view, colorful,

white background,

(masterpiece:1.2), best quality, masterpiece, highres, original, highly detailed, extremely detailed wallpaper, perfect lighting, artwork breathtaking, professional, award-winning

26/75

NSFW, (worst quality:2), (low quality:2), (normal quality:2), lowres, normal quality, (ugly:1.331), signature, watermark, text,

| Stable Diffusion 模型: SD XL Base 1.0 | 采样方法: DPM++2M Karras |
| 外挂 VAE 模型: SD XL VAE | 宽度 x 高度: 1024x1024 |
| 迭代步数: 30 | 提示词引导系数: 7 |

## 实例关键词效果展示

种子数:
3894554025

## 2.4　广告创意

海报设计根据应用领域的不同分为多个方向，如宣传商品的商业海报、说明文化活动或展览的文化海报、吸引观众注意的电影海报、凸显节日内涵的节日海报、弘扬道德教育的公益广告等。

### 2.4.1　海报设计

最早的海报也叫作招贴画，可以贴在街头巷尾或挂在商店橱窗里，以图形、文字等为基础画面内容来向大众传达某种信息。海报设计则是根据宣传内容和目的，对画面元素进行合理安排，让受众一目了然地接收到相关信息。

**常见的海报设计相关提示词参考**

| 海报设计 | poster design | 歌剧海报 | Opera poster | 维多利亚风 | Victorian poster |
| --- | --- | --- | --- | --- | --- |
| 海报 | poster | 音乐会海报 | concert poster | 波普海报 | pop art poster |
| 文字 | text | 招生海报 | enrollment poster | 嬉皮士海报 | hippie poster |
| 图形 | graphic | 社团海报 | club poster | 包豪斯风格 | Bauhaus poster |
| 图像 | image | 漫画海报 | comic poster | 装饰艺术 | decorative art |
| 图案 | pattern | 励志海报 | motivational poster | 立体主义 | cubism poster |
| 绘画 | painting | 黑光海报 | blacklight poster | 象征主义 | symbolism poster |
| 照片 | photo | 明星海报 | star poster | 新艺术海报 | art nouveau poster |
| 大字报 | big-character poster | 战争海报 | war poster | 拼贴海报 | collage poster |
| 装饰海报 | decorative poster | 奥运海报 | Olympic poster | 卡通海报 | cartoon poster |
| 活动海报 | event poster | 预告海报 | teaser poster | 版式海报 | layout poster |
| 音乐海报 | music poster | 角色海报 | character poster | 极简海报 | minimalist poster |
| 电影海报 | film poster | 公司海报 | company poster | 极繁海报 | maximalist poster |
| 宣传海报 | propaganda poster | 环保海报 | environmental poster | 复古海报 | retro poster |

（续）

| 艺术品海报 | artwork poster | 广告海报 | advertising poster | 抽象海报 | abstract poster |
|---|---|---|---|---|---|
| 通缉海报 | wanted poster | 信息海报 | informative poster | 平面海报 | flat poster |
| 产品海报 | product poster | 研究海报 | research poster | 几何形海报 | geometric poster |
| 节日海报 | festival poster | 销售海报 | sales poster | 3D 海报 | 3D poster |
| 街头海报 | street poster | 双色海报 | two tone poster | 现代海报 | modern poster |
| 黑白海报 | black-white poster | 手绘海报 | hand drawn poster | 插画海报 | illustrated poster |
| 彩色海报 | colorful poster | 未来海报 | future poster | 趣味海报 | playful poster |
| 政治海报 | political poster | 科幻海报 | science fiction poster | 女性化海报 | feminine poster |
| 电子海报 | electronic poster | 摇滚海报 | rock poster | 男性化海报 | masculine poster |
| 招聘海报 | recruitment poster | 朋克海报 | punk poster | 邋遢海报 | dirty poster |
| 商业海报 | commercial poster | 超现实主义 | surrealism poster | 写实海报 | photorealism poster |
| 旅行海报 | travel poster | 自然主义 | naturalism poster | 迷幻海报 | psychedelic poster |
| 戏剧海报 | drama poster | 表现主义 | expressionist poster | | |

## 实例关键词要点解析

内容提示词: 海报设计, 电影海报, 一个美丽的红色心形, 写有 "I love you" 的标题文字。
背景和环境提示词: 红色背景, 简单背景。
品控提示词: 大师杰作, 高质量, 高分辨率, 高细节, 独创性, 极高细节的壁纸效果, 完美照明, 令人赞叹的艺术品, 专业性, 获奖作品。
反向提示词: 不适宜内容, 最差质量, 低质量, 普通质量, 低分辨率, 丑陋的, 署名, 水印, 文字。

文生图　图生图　后期处理　PNG 图片信息　模型融合　训练　设置　扩展

60/75

poster \(medium\), poster \(object\), movie poster, a beautiful red heart, with (title "I LOVE YOU":2),
red background, simple background,
(masterpiece:1.2), best quality, masterpiece, highres, original, highly detailed, extremely detailed wallpaper, perfect lighting,
artwork breathtaking, professional, award-winning

26/75

NSFW, (worst quality:2), (low quality:2), (normal quality:2), lowres, normal quality, (ugly:1.331), signature, watermark, text,

Stable Diffusion 模型: SD XL Base 1.0　　采样方法: DPM++SDE Karras
外挂 VAE 模型: SD XL VAE　　　　　　宽度 x 高度: 1024x1024
迭代步数: 20　　　　　　　　　　　　提示词引导系数: 7

**实例关键词效果展示**

种子数：
3646664208

## 2.4.2　LOGO 设计

　　LOGO 一词的英文全称为"logotype"，该词源自于希腊语，意为"文字"，之后引申为某个公司的代表符号。一个优秀的 LOGO 不仅可以代表品牌的形象，还可以让消费者通过具有辨识度的 LOGO 对该品牌留下深刻印象。

　　设计 LOGO 时的主要元素包括由点线面组成的图形、中英文或数字组成的字体、生活中存在的真实图像等，设计师使用表象性、表征性、借喻性、标志性、卡通化、几何形构成、渐变推移等方法对这些元素进行组合变化，才能设计出一个 LOGO。

## 常见的 **LOGO** 设计相关提示词参考

| LOGO 设计 | LOGO design | 抽象标志 | abstract logo | 图案 | pattern |
|---|---|---|---|---|---|
| 标志 | LOGO | 具象标志 | concrete symbol | 双重含义 | double meaning |
| 建筑标志 | building sign | 吉祥物标志 | mascot logo | 装饰 | ornament |
| 竞技场标志 | arena sign | 组合标志 | combination logo | 多彩 | multicolored |
| 体育场标志 | stadium sign | 动物标志 | animals logo | 元素拼贴 | elements collage |
| 公园标志 | park sign | 印刷标志 | typographic logo | 黑色轮廓 | black outline |
| 公司标志 | company logo | 黑白标志 | black and white logo | 笔触 | brushstroke |
| 商业公司 | business company | 复古标志 | vintage logo | 平版印刷 | lithography |
| 服务公司 | service company | 符号标志 | symbol logo | 涂鸦 | graffiti |
| 航空公司 | airline company | 文本标准 | text logo | 童真 | childlike |
| 能源公司 | energy company | 图标标志 | icon logo | 简笔画 | brief strokes |
| 食品公司 | food company | 平面标志 | flat logo | 马赛克 | mosaic |
| 医疗公司 | medical company | 品牌标志 | brand marks logo | 抵消 | offset |
| 律师事务所 | law firm | 动态标记 | dynamic logo | 旗帜 | flag |
| 营销公司 | marketing company | 单个图标 | separate icon | 折纸 | origami |
| 媒体公司 | media company | 独特字体 | unique font | 混合线 | blended lines |
| 艺术公司 | art company | 字母图形化 | letter graphic | 水彩 | watercolor |
| 房地产公司 | real estate company | 缩写 | initials | 圆形 | circular |
| 科技公司 | technology company | 家族纹章 | family crest | 方形 | square |
| 旅游公司 | travel company | 印章 | seal | 心形 | heart |
| 运输公司 | transport company | 3D 图形 | 3D graphic | 数字 | number |
| 饮料公司 | beverage company | 草书文本 | cursive text | 危险符号 | hazard symbol |
| 电影公司 | film company | 对称 | symmetry | 占星符号 | astrological symbol |
| 出版公司 | publishing company | 透明 | transparency | 体育标志 | sports logo |
| 唱片公司 | record company | 渐变 | gradient | 拉丁字母 | Latin script |
| 餐厅标志 | restaurant sign | 轮廓线 | outline | 表情符号 | emoticons |
| 徽章标志 | emblem logo | 插图 | illustration | 虚构符号 | fictional symbol |
| 图形标志 | graphic logo | 卡通角色 | cartoon character | 魔法符号 | magic symbol |
| 文字标志 | wordmark logo | 留白 | negative space | 数学符号 | mathematical symbol |
| 字母标志 | lettermark logo | 标签 | label | 印刷符号 | typographical symbol |

## 实例关键词要点解析

内容提示词：标志设计，一个烘焙店的标志，新鲜出炉的面包，橙色和黄色的暖色调，极简主义风格。
背景和环境提示词：橙色背景，纯色背景。
品控提示词：大师杰作，高质量，高分辨率，高细节，独创性，极高细节的壁纸效果，完美照明，令人赞叹的艺术品，专业性，获奖作品。
反向提示词：不适宜内容，最差质量，低质量，普通质量，低分辨率，丑陋的，署名，水印，文字。

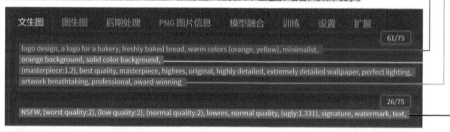

## 实例关键词效果展示

种子数：
150229996

# 2.5 动画设计

动画设计是完成一部动画的重要环节，需要在剧情的基础上，确定画面中前景、背景、人物、道具等元素，以前的动画设计都是依靠动画师手工绘制完成，现在已经可以借助 Photoshop、Painter 等绘画软件来完成。

## 2.5.1 人物设计

人物设计是动画设计的一部分，也被称为角色设计，是针对人物在不同情节中所展现出的不同动作、表情、服装等进行造型设计，并绘制出每个造型的正面、侧面、3/4 侧面、背面等不同角度的全身图和头部图，特别情况下还需要俯视或仰视等其他特殊视角、构图下的设计图，供动画师参考。

**常见的人物设计相关提示词参考**

| | | | | | |
|---|---|---|---|---|---|
| 男性 | male | 厨师 | chef | 兽人 | orc |
| 女性 | female | 舞者 | dancer | 猫娘 | cat girl |
| 男孩 | boy | 啦啦队队长 | cheerleader | | |
| 女孩 | girl | 芭蕾女舞者 | ballerina | 狐娘 | fox girl |
| 一个女孩 | 1girl | 体操队长 | gymleader | 狐妖 | fox |
| 两个女孩 | 2girls | 服务员 | waiter | 浣熊娘 | raccoon girl |
| 多个女孩 | multiple girls | 女服务员 | waitress | 狼女 | wolf girl |
| 一个男孩 | 1boy | 女仆 | maid | 兔娘 | rabbit girl |
| 两个男孩 | 2boys | 偶像 | idol | 牛娘 | cow girl |
| 多个男孩 | multiple_boys | 办公室文员 | office lady | 龙女 | dragon girl |
| 幼儿 | toddler | 赛车女郎 | race queen | 蛇娘 | snake girl |
| 少年 | underage | 魔女 | witch | 美人鱼 | mermaid |
| 青年 | teenage | | | 蜘蛛娘 | spider girl |
| 大叔 | uncle | 修女 | nun | 机甲 | mecha |

（续）

| 成年女性 | mature female | 牧师 | priest | 机娘 | mecha musume |
|---|---|---|---|---|---|
| 老年 | old | 忍者 | ninja | 半机械人 | cyborg |
| 姐妹 | sisters | 警察 | police | 恶魔 | demon |
| 兄弟 | brothers | 医生 | doctor | 天使 | angel |
| 兄弟姐妹 | brothers and sisters | 护士 | nurse | 撒旦 | devil |
| 夫妻 | husband and wife | 教师 | teacher | 女神 | goddess |
| 萝莉 | loli | 学生 | student | 精灵 | fairy |
| 正太 | shota | 歌手 | singer | 妖精 | elf |
| 美少女 | beautiful girl | 消防员 | fireman | 黑暗精灵 | dark elf |
| 辣妹 | The spice girls | 士兵 | soldier | 魔法师 | magician |
| Q 版人物 | Q-version characters | 运动员 | athlete | 魔法少年 | magical youth |
| 人偶 | doll | 导游 | tour guide | 魔法少女 | magical girl |
| 猎人 | hunter | 清洁工 | cleaning worker | | |

## 实例关键词要点解析

内容提示词: 角色设计，插画效果，日本动画，前、后、侧角色三视图，校园女生，身着校服，长袖水手服，全身视图。
背景和环境提示词: 白色背景。
品控提示词: 大师杰作，高质量，高分辨率，高细节，独创性，极高细节的壁纸效果，完美照明，令人赞叹的艺术品，专业性，获奖作品。
反向提示词: 不适宜内容，最差质量，低质量，普通质量，低分辨率，丑陋的，署名，水印，文字。

| 文生图 | 图生图 | 后期处理 | PNG 图片信息 | 模型融合 | 训练 | 设置 | 扩展 |

73/75

Character Design, illustration style,Japanese anime style, three views of one characters, front, back, side, a school girl, school uniform, serafuku with long sleeves, full body,
white background,
(masterpiece:1.2), best quality, masterpiece, highres, original, highly detailed, extremely detailed wallpaper, perfect lighting, artwork breathtaking, professional, award-winning

26/75

NSFW, (worst quality:2), (low quality:2), (normal quality:2), lowres, normal quality, (ugly:1.331), signature, watermark, text,

Stable Diffusion 模型：SD XL Base 1.0　　采样方法：DPM++2M SDE Karras
外挂 VAE 模型：SD XL VAE　　　　　　　宽度×高度：1024x1024
迭代步数：30　　　　　　　　　　　　　提示词引导系数：7

**实例关键词效果展示**

种子数：
606636307

## 2.5.2　场景设计

　　动画场景主要是为了表现动画角色所处的环境和空间而存在的，所以场景设计要基于整个动画故事内容的大环境和故事情节发展的小环境，符合故事的历史时代、风土人情、自然特点等，同时也要随着角色行动的变化而变化，符合角色的空间位置。

　　动画场景的类型多种多样，从画风上分有日式、写实、奇幻等，从技法上分有水彩、水墨、素描等，从时间上分有古代、现代、未来等，从环境上分有自然、都市、乡村等，从天气上分有晴朗、阴雨、飘雪等，每幅场景都会有所不同，是对动画师极大的考验。

## 常见的场景设计相关提示词参考

| 室内 | indoor | 公园 | park | 火星探测 | Mars exploration |
|---|---|---|---|---|---|
| 室外 | outdoor | 游乐场 | amusement park | 科技之城 | City of technological |
| 客厅 | living room | 教堂 | church | 浪漫小城 | romantic town |
| 卧室 | bedroom | 花海 | flower ocean | 哥特大教堂 | Gothic cathedral |
| 餐厅 | dining room | 大海 | sea | 幽灵庄园 | haunted mansion |
| 厨房 | kitchen | 沙滩 | beach | 童话城堡 | fairy tale castle |
| 浴室 | bathroom | 草地 | meadow | 黑暗森林 | dark forest |
| 书房 | study | 森林 | forest | 月球景观 | lunar landscape |
| 走廊 | hall | 烘焙坊 | bakery | 冰雪王国 | ice kingdom |
| 健身房 | gym | 书店 | bookstore | 热带雨林 | tropical rain forest |
| 办公室 | office | 居酒屋 | Izakaya | 奇幻村落 | fantasy village |
| 田野 | field | 植物园 | botanical garden | 海盗岛屿 | pirate island |
| 街道 | street | 动物园 | zoo | 沙漠绿洲 | desert oasis |
| 小巷 | alley | 音乐会 | concert | 月球基地 | lunar base |
| 咖啡馆 | coffee shop | 宴会 | banquet | 神秘古墓 | mysterious tomb |
| 图书馆 | library | 星空夜景 | starry night | 火星 | red planet |
| 商场 | mall | 未来都市 | future city | 霓虹城市 | neon city |
| 超市 | supermarket | 炼金室 | alchemy laboratory | 未来实验室 | futuristic laboratory |
| 建筑物 | building | 暗黑地牢 | dungeon | 太空空间站 | space station |
| 摩天大楼 | skyscrapers | 空中花园 | hanging gardens | 机器人工厂 | robot factory |
| 城市景观 | cityscape | 外太空景观 | outer space view | 赛博丛林 | cyber jungle |
| 街景 | street scenery | 悬崖峭壁 | cliff | 神秘洞穴 | mystical cave |
| 学校 | school | 天空之城 | castle in the sky | 鬼屋森林 | haunted forest |
| 教室 | classroom | 水晶宫殿 | crystal palace | 中世纪城堡 | medieval castle |
| 游泳池 | swimming pool | 沉船 | sunken shipwreck | 月球地貌 | lunar landscape |
| 足球场 | soccer field | 古代神庙 | ancient temple | 末日之城 | apocalyptic city |
| 体育场 | stadium | 火山喷发 | volcanic eruption | 水下世界 | underwear world |
| 篮球场 | basketball court | 神秘森林 | mystical forest | 惹凉的沙漠 | desolate desert |
| 竞技场 | arena | 魔法森林 | enchanted forest | 魔法城堡 . | magical castle |

## 实例关键词要点解析

内容提示词：场景设计，插画风格，日本动画，大海，沙滩，港口，日出，天空，云朵，星星。
背景和环境提示词：日出背景，云朵背景。
品控提示词：大师杰作，高质量，高分辨率，高细节，独创性，极高细节的壁纸效果，完美照明，令人赞叹的艺术品，
专业性，获奖作品。
反向提示词：不适宜内容，最差质量，低质量，普通质量，低分辨率，丑陋的，署名，水印，文字。

| 文生图 | 图生图 | 后期处理 | PNG 图片信息 | 模型融合 | 训练 | 设置 | 扩展 |

61/75

Landscaping design, illustration sketch style,Japanese anime style, ocean, beach, harbor, sunrise, sky, clouds, stars, sunrise background, cloud background,

(masterpiece:1.2), best quality, masterpiece, highres, original, highly detailed, extremely detailed wallpaper, perfect lighting, artwork breathtaking, professional, award-winning

26/75

NSFW, (worst quality:2), (low quality:2), (normal quality:2), lowres, normal quality, (ugly:1.331), signature, watermark, text,

| Stable Diffusion 模型：SD XL Base 1.0 | 采样方法：DPM++2M SDE Karras |
| 外挂 VAE 模型：SD XL VAE | 宽度 x 高度：1024x1024 |
| 迭代步数：30 | 提示词引导系数：7 |

## 实例关键词效果展示

种子数：
2100111947

## 2.6 产品设计

产品设计是指对某个产品进行沟通、调查、策划、设计直至生产出样品为止的一系列工作内容，使该产品不仅能够满足使用者的需求，还能够为制造者带来经济效益，并充分展现出设计的美感。

### 2.6.1 外观设计

外观设计是产品设计中一个不可或缺的部分，是在充分了解该产品相关信息的基础上对产品的外观、结构、色彩和细节等方面进行设计，将产品功能与大众审美相结合，并使用手绘图或计算机绘图的方式展示出设计成果，提高产品额外的艺术价值。

**常见的外观设计相关提示词参考**

| 产品设计 | product design | 棕红色 | red-brown | 樱花粉 | cherry blossom pink |
|---|---|---|---|---|---|
| 外观设计 | appearance design | 青色阴影 | shades of cyan | 珊瑚粉 | coral pink |
| 颜色 | color | 青色 | cyan | 玫瑰粉 | rose pink |
| 色调 | color tone | 浅青色 | light cyan | 紫色色调 | shades of purple |
| 黑色阴影 | shades of black | 深青色 | dark cyan | 紫色 | purple |
| 黑色 | black | 荧光青色 | fluorescent cyan | 紫罗兰 | violet |
| 木炭黑 | charcoal black | 印刷青色 | process cyan | 薰衣草色 | lavender |
| 烟熏黑 | smoky black | 绿色阴影 | shades of green | 丁香紫 | lilac |
| 浓郁黑 | rich black | 绿色 | green | 倒挂金钟 | fuchsia |
| 午夜黑 | midnight black | 亮绿色 | bright green | 红色色调 | shades of red |
| 白色阴影 | shades of white | 黄绿色 | yellow-green | 红色 | red |
| 白色 | white | 丛林绿 | jungle green | 血红 | blood red |
| 雪白 | snow white | 橄榄绿 | olive green | 深红 | crimson |
| 象牙白 | ivory white | 品红色调 | shades of magenta | 猩红 | scarlet |

（续）

| 奶油白 | cream white | 洋红 | magenta | 朱红 | vermilion |
|---|---|---|---|---|---|
| 花白 | floral white | 深洋红色 | dark magenta | 黄色色调 | shades of yellow |
| 蓝色阴影 | shades of blue | 天洋红色 | sky magenta | 黄色 | yellow |
| 蓝色 | blue | 热洋红色 | hot magenta | 金黄 | gold |
| 天蓝 | sky blue | 橙色色调 | shades of orange | 铬黄 | chrome yellow |
| 宝蓝 | royal blue | 橙色 | orange | 藤黄 | gamboge |
| 深蓝 | dark blue | 胡萝卜橙 | carrot orange | 芥末黄 | mustard |
| 浅蓝 | light blue | 柑橘色 | tangerine | 灰色色调 | shades of gray |
| 棕色阴影 | shades of brown | 南瓜色 | pumpkin | 灰色 | gray |
| 棕色 | brown | 橘子皮色 | orange peel | 灰白色 | ash gray |
| 可可棕 | cocoa brown | 粉色色调 | shades of pink | 冷灰色 | cool gray |
| 土黄色 | earth yellow | 粉色 | pink | 暗灰色 | dim gray |
| 棕褐色 | sepia | 芭比粉 | barbie pink | 银色 | silver |

## 实例关键词要点解析

内容提示词: 产品设计, 3D 风格, 轻薄的半透明 VR 头戴设备, 极简主义, 复古, 未来科技, 布劳恩和迪特·拉姆斯设计。
风格提示词: 现实风格, 摄影效果, 电影照片, 35 毫米镜头拍摄。
品控提示词: 大师杰作, 高质量, 高分辨率, 高细节, 独创性, 极高细节的壁纸效果, 完美照明, 令人赞叹的艺术品, 专业性, 获奖作品。
反向提示词: 不适宜内容, 最差质量, 低质量, 普通质量, 低分辨率, 丑陋的, 署名, 水印, 文字。

**实例关键词效果展示**

种子数:
2592716391

## 2.6.2　包装设计

　　随着时代的发展，对于包装设计越来越注重绿色环保、简约大气，但这并不意味着包装越简单越好，而是在有限的范围内传达出更加艺术化的层次美，如果将所有自认为美的元素进行胡乱堆砌，只会让人抓不住重点。

　　包装设计是指选择适当的材料，进行合理的设计后对产品进行包装美化的设计。包装风格要符合产品的特点和消费者的偏好，还要考虑到产品标签和标志的位置，更要具有对美的艺术化展现，让消费者通过包装就能了解甚至喜爱上这款产品。

## 常见的包装设计相关提示词参考

| 包装设计 | package design | 心形 | heart | 罐子 | jar |
|---|---|---|---|---|---|
| 形状 | shape | 半月形 | lune | 瓶子 | bottle |
| 正方形 | square | 新月形 | crescent | 桶 | barrel |
| 长方形 | rectangle | 弓形 | circular segment | 袋 | bag |
| 圆形 | circle | 四叶形 | quatrefoil | 包装 | pack |
| 椭圆形 | ellipse | 三叶草形 | trefoil | 盒子 | box |
| 三角形 | triangle | 太极图形 | tai chi shapes | 利乐砖 | tetra brik |
| 等边三角形 | equilateral triangle | 正方体 | cube | 啤酒瓶 | beer bottle |
| 锐角三角形 | acute triangle | 长方体 | cuboid | 饮料罐 | drink can |
| 钝角三角形 | obtuse triangle | 圆锥体 | cone | 香蕉盒 | banana box |
| 直角三角形 | right triangle | 圆柱体 | cylinder | 咖啡袋 | coffee bag |
| 等腰三角形 | isosceles triangle | 球体 | sphere | 鸡蛋盒 | egg carton |
| 四边形 | quadrilateral | 椭球体 | spheroid | 爆米花袋 | popcorn bag |
| 平行四边形 | parallelogram | 四面体 | tetrahedron | 麻袋 | gunny sack |
| 菱形 | lozenge | 金字塔形 | pyramid | 折叠纸盒 | folding carton |
| 梯形 | trapezoid | 拟柱体 | prismatoid | 网袋 | mesh bag |
| 五边形 | pentagon | 材料 | material | 直立袋 | stand-up pouch |
| 正五边形 | regular pentagon | 塑料 | plastics | 木盒 | wooden box |
| 六边形 | hexagon | 玻璃 | glass | 化妆品包装 | cosmetic packaging |
| 七边形 | heptagon | 泡沫 | bubble | 食品包装 | food packaging |
| 八边形 | octagon | 纸 | paper | 豪华包装 | luxury packaging |
| 九边形 | nonagon | 铜版纸 | coated paper | 季节性包装 | seasonal packaging |
| 十边形 | decagon | 牛皮纸 | kraft paper | 低塑包装 | low plastic packaging |
| 十二边形 | dodecagon | 纸板 | paperboard | 可降解 | biodegradable |
| 十四边形 | tetradecagon | 金属 | metal | 一次性 | disposable |
| 十六边形 | hexadecagon | 塑料 | plastic | 弹性袋 | flexi bag |
| 二十边形 | dodecagon | 木头 | wood | 瓦楞纸箱 | corrugated box |
| 环形 | annulus | 布料 | fabric | 散装箱 | bulk box |
| 扇形 | circular sector | 皮革 | leather | | |
| 半圆形 | semicircle | 容器 | container | | |

## 实例关键词要点解析

内容提示词：包装设计，3D 风格，为电子产品设计的金属正方体包装，极简主义，集合镂空，科技感，计算机渲染。
风格提示词：现实风格，摄影效果，电影照片，35 毫米镜头拍摄。
品控提示词：大师杰作，高质量，高分辨率，高细节，独创性，极高细节的壁纸效果，完美照明，令人赞叹的艺术品，专业性，获奖作品。
反向提示词：不适宜内容，最差质量，低质量，普通质量，低分辨率，丑陋的，署名，水印，文字。

| 文生图 | 图生图 | 后期处理 | PNG 图片信息 | 模型融合 | 训练 | 设置 | 扩展 |
|---|---|---|---|---|---|---|---|

78/150

realistic, photographic, cinematic photo, 35mm photograph,
Packaging Design, 3D style, a metal cube packaging design for technology product, minimalism style, geometric hollowing out, a sense of technology, a computer rendering,
(masterpiece:1.2), best quality, masterpiece, highres, original, highly detailed, extremely detailed wallpaper, perfect lighting, artwork breathtaking, professional, award-winning

26/75

NSFW, (worst quality:2), (low quality:2), (normal quality:2), lowres, normal quality, (ugly:1.331), signature, watermark, text,

Stable Diffusion 模型：SD XL Base 1.0
外挂 VAE 模型：SD XL VAE
迭代步数：30

采样方法：DPM++2M SDE Karras
宽度 x 高度：1024x1024
提示词引导系数：7

## 实例关键词效果展示

种子数：
4279027722

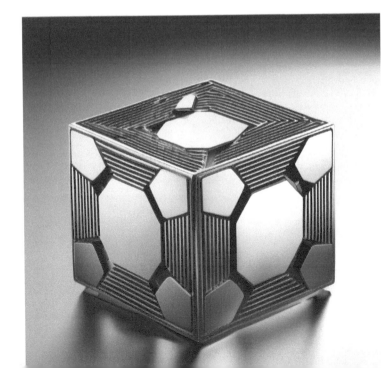

# 第 3 章

## 不同类型题材的呈现

　　本章展现了在 AI 绘画中的不同类型题材，包括静物、风景、动物和植物，且每个类型又包含多个不同的小类别，以深入探讨不同题材中 AI 的艺术表现。其中，静物部分涵盖了各种不同的物品和材料，风景部分囊括了各种类型的自然和城市景观，动物部分展示了不同种类的动物以及陪伴在身边的宠物形象，植物部分则分为不同种类和环境，以供读者参考。

## 3.1　静物

静物多是指没有生命的物体，通常指美术领域，这里则是指使用 AI 来生成各种常见的物体，不像在美术学习中注重其艺术内容，而是更接近真实感官，越逼真越好。

### 3.1.1　陶瓷静物

陶瓷包含陶器和瓷器两种，因其不同的制备原料而分，但不论哪种，都会通过一定的装饰来增强其美感。陶瓷静物可以包括各种不同的陶瓷制品，如花瓶、碟子、花盆、雕塑、餐具、陶艺工艺品等，陶瓷静物的艺术价值在于它们通过陶瓷材料的纹理、颜色和形状传达了独特的美感。

**常见的陶瓷静物相关提示词参考**

| | | | | | |
|---|---|---|---|---|---|
| 静物 | still life | 巴特曼壶 | bartman's teapot | 葫芦形花瓶 | gourd-shaped vase |
| 陶瓷 | ceramic | 陶瓷贴花 | ceramic decal | 萝卜形花瓶 | turnip-shaped vase |
| 陶器 | pottery | 设计瓷砖 | designed tiles | 圆形花瓶 | rotund vase |
| 瓷器 | porcelain | 蜡砖 | encaustic tiles | 瓮 | urn |
| 红陶 | terracotta | 玛雅陶瓷 | Maya ceramics | 双耳瓶 | amphora |
| 埃及彩陶 | Egyptian faience | 卡拉林瓷砖 | karalin ceramic tiles | 梅瓶 | prunus vase |
| 浮雕玉石 | jasperware | 瓷砖艺术 | tiles art | 中国陶瓷 | Chinese ceramic |
| 硬质瓷 | hard-paste | 转移印花 | transfer printing | 原始青瓷 | proto-celadon |
| 软质瓷 | soft-paste | 骨瓷 | bone china | 兵马俑 | Terra Cotta Warriors |
| 灰釉 | ash glaze | 骨盘 | bone dish | 绿釉陶器 | green-glazed pottery |
| 铅釉 | lead-glaze | 餐具 | tableware | 景德镇瓷器 | Jingdezhen porcelain |
| 锡釉 | tin-glaze | 盘子 | plate | 宫廷瓷器 | imperial porcelain |
| 盐釉 | salt glaze | 碗 | bowl | 三彩瓷器 | three color porcelain |
| 金属釉 | metallic glaze | 勺子 | spoon | 五彩瓷器 | colorful porcelain |

（续）

| 青瓷 | celadon | 碟子 | saucer | 斗彩瓷器 | doucai porcelain |
|---|---|---|---|---|---|
| 青花瓷 | blue and white pottery | 茶壶 | teapot | 建窑瓷器 | Jian porcelain |
| 黑彩陶 | black-figure pottery | 茶杯 | teacup | 冀州瓷器 | Jizhou porcelain |
| 红彩陶 | red-figure pottery | 咖啡杯 | coffee cup | 定窑瓷器 | Ding kiln porcelain |
| 海陶 | sea pottery | 水罐 | pitcher | 汝窑瓷器 | Ru kiln porcelain |
| 黑红器 | black and red ware | 瓦罐 | crock | 钧窑瓷器 | Jun kiln porcelain |
| 彩绘灰器 | painter grey ware | 花盆 | flowerpot | 官窑瓷器 | Guan kiln porcelain |
| 黑抛光器 | black polished ware | 花瓶 | vase | 哥窑瓷器 | Ge kiln porcelain |
| 代尔夫特陶 | delftware | 圆柱形花瓶 | cylinder-shaped vase | 青白瓷 | Bluish white |
| 瓦作 | tilework | V 形花瓶 | V-shaped vase | 德化瓷 | Dehua porcelain |
| 工作室陶艺 | studio pottery | U 形花瓶 | U-shaped vase | | |
| 艺术陶艺 | art pottery | 碗形花瓶 | bowl-shaped vase | | |

## 实例关键词要点解析

内容提示词：一些陶瓷瓶，网状花纹，莫兰迪色彩，放在白色桌子上。
背景和环境提示词：白色简单背景。
品控提示词：大师杰作，高质量，高分辨率，独创性，极高细节的壁纸效果，完美照明。
反向提示词：不适宜内容，最差质量，低质量，普通质量，低分辨率，单色效果，画面发灰，丑陋的，重复，病态，残缺，模糊，署名，水印，文字。

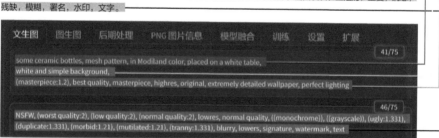

**实例关键词效果展示**

种子数：
3709610065

## 3.1.2 玻璃静物

考古界认为世界上最早制作出玻璃的是古埃及人，发展至今，玻璃已经成为人类生活中不可或缺的材料，还生产出了浮雕玻璃、晶彩玻璃、夹丝玻璃、马赛克玻璃、钢化玻璃等适合不同场景使用的玻璃种类。

玻璃具有透光的特性，给人既坚硬又脆弱的感觉，可以制成各种日常生活用品，还可以着色、压花、上釉或镀膜，为建筑物起到装饰和保护效果。它从 4 世纪开始被古罗马人应用于门窗上，12 世纪成为工业材料，直到17 世纪才成为普通物品。

## 常见的玻璃静物相关提示词参考

| 玻璃 | glass | 斯尼夫特杯 | snifter glass | 圆筒玻璃 | cylinder glass |
|---|---|---|---|---|---|
| 艺术玻璃 | art glass | 玻璃酒杯 | wine glass | 压花玻璃 | figured glass |
| 套色玻璃 | cased glass | 鸡尾酒杯 | cocktail glass | 棱镜玻璃 | prism glass |
| 皇冠玻璃 | crown glass | 平底不倒翁 | tumbler glass | 玻璃砖 | glass brick |
| 搪瓷玻璃 | enamelled glass | 实验室玻璃 | laboratory glass | 中空玻璃 | insulating glass |
| 闪光玻璃 | flashed glass | 烧杯 | beaker | 玻璃地板 | glass floor |
| 森林玻璃 | forest glass | 烧瓶 | flask | 刻花玻璃 | cut glass |
| 玻璃马赛克 | glass mosaic | 试剂瓶 | reagent bottle | 玻璃艺术 | glass art |
| 波纹玻璃 | rippled glass | 玻璃罐 | glass jar | 玻璃窗 | glass window |
| 彩色玻璃 | stained glass | 试管 | test tube | 玻璃门 | glass door |
| 工作室玻璃 | studio glass | 干燥器 | desiccator | 玻璃珠宝 | glass jewelry |
| 钢化玻璃 | tempered glass | 蒸发皿 | evaporating dish | 玻璃餐具 | glass tableware |
| 玻璃器皿 | glassware | 培养皿 | petri dish | 水晶玻璃 | crystal glass |
| 玻璃杯 | glass cup | 载玻片 | microscope slide | 玻璃幕墙 | glass facade |
| 玻璃瓶 | glass bottle | 量筒 | graduated cylinder | 玻璃雕塑 | glass sculpture |
| 玻璃啤酒瓶 | glass beer bottle | 容量瓶 | volumetric flask | 玻璃面板 | glass panel |
| 玻璃啤酒杯 | glass beer cup | 搅拌棒 | stirring rod | 玻璃镇纸 | glass paperweight |
| 玻璃高脚杯 | glass stemware | 冷凝器 | condenser | 玻璃花 | glass flower |
| 玻璃碗 | glass bowl | 玻璃瓶 | glass retort | 玻璃镜 | glass mirror |
| 刻面玻璃杯 | faceted glass | 玻璃珠 | glass bead | 玻璃耳环 | glass earring |
| 高球杯 | highball glass | 斜角玻璃 | beveled glass | 玻璃项链 | glass necklace |
| 小酒杯 | shot glass | 凹陷玻璃 | depression glass | 玻璃手链 | glass bracelet |
| 威士忌酒杯 | whiskey tumbler | 柔性玻璃 | flexible glass | 玻璃香水瓶 | glass perfume bottle |
| 苦艾酒杯 | absinthe glass | 磨砂玻璃 | frosted glass | 玻璃壶 | glass jug |
| 圣餐杯 | chalice | 平板玻璃 | plate glass | 玻璃罐 | glass jar |
| 香槟杯 | champagne flute | 蒂芙尼玻璃 | tiffany glass | 玻璃灯 | glass lamp |
| 喷泉玻璃杯 | fountain glass | 乳白玻璃 | opalescent glass | 玻璃吊灯 | glass chandelier |
| 飓风玻璃杯 | hurricane glass | 破裂玻璃 | fracture glass | 玻璃玫瑰窗 | glass rose window |
| 玛格丽特杯 | margarita glass | 幕布玻璃 | drapery glass | 玻璃花瓶 | glass vase |
| 雪莉酒杯 | sherry glass | 建筑玻璃 | architectural glass | | |

## 实例关键词要点解析

内容提示词：玻璃杯里水花飞溅。

背景和环境提示词：经典蓝色背景。

品控提示词：大师杰作，高质量，高分辨率，独创性，极高细节的壁纸效果，完美照明。

反向提示词：不适宜内容，最差质量，低质量，普通质量，低分辨率，单色效果，画面发灰，丑陋的，重复，病态，残缺，模糊，署名，水印，文字。

| 文生图 | 图生图 | 后期处理 | PNG 图片信息 | 模型融合 | 训练 | 设置 | 扩展 |

34/75

beautiful splashes in a glass,
a classic blue background,
(masterpiece:1.2), best quality, masterpiece, highres, original, extremely detailed wallpaper, perfect lighting

46/75

NSFW, (worst quality:2), (low quality:2), (normal quality:2), lowres, normal quality, ((monochrome)), ((grayscale)), (ugly:1.331), (duplicate:1.331), (morbid:1.21), (mutilated:1.21), blurry, signature, watermark, text

Stable Diffusion 模型：SD XL Base 1.0　　　采样方法：DPM++2M Karras
外挂 VAE 模型：SD XL VAE　　　　　　　　宽度 x 高度：1024x1024
迭代步数：25　　　　　　　　　　　　　　提示词引导系数：10

## 实例关键词效果展示

种子数：
1759516194

### 3.1.3 金属静物

金属制品遍及我们生活的方方面面，衣、食、住、行中都能找到它的身影，小到一根绣花针，大到一台巨型机械，不论是高精尖的科技产品，还是普通的日常用品，不同功能和材质的金属成为现代社会不可或缺的组成部分。

金属的特征包括具有光泽感和延展性、不透明、导热导电性良好等，除了黄色的金、紫红的铜等金属外，大部分金属都是银灰色的，如常见的银、铁、铝等，金属物质不但普遍存在于日常生活中，同时也是工业生产中使用量最多的物质。

**常见的金属静物相关提示词参考**

| 金属 | metal | 武士刀 | katana | 蛋糕叉 | cake fork |
|------|-------|--------|--------|--------|-----------|
| 金 | gold | 枪 | gun | 筷子 | chopsticks |
| 银 | silver | 手枪 | pistol | 五金制品 | ironmongery |
| 铜 | copper | 步枪 | rifle | 铁钉 | nail |
| 铅 | lead | 冲锋枪 | submachine gun | 铁锁 | iron lock |
| 铝 | aluminium | 墨盒 | cartridge | 铁链 | iron chain |
| 汞 | mercury | 金属工具 | metal tool | 门环 | door knocker |
| 铁 | iron | 金属物体 | metal object | 车门把手 | door handle |
| 锡 | tin | 青铜雕塑 | bronze sculpture | 铁钩 | iron hook |
| 黄铜 | brass | 中国青铜器 | Chinese bronzes | 弹簧 | spring |
| 青铜 | bronze | 祭器 | sacrificial utensil | 螺母 | nut |
| 白金 | white gold | 酒器 | wine vessels | 螺栓 | bolt |
| 合金 | alloy | 食器 | food vessels | 马蹄铁 | horseshoe |
| 不锈钢 | stainless steel | 水器 | water vessels | 水龙头 | faucet |
| 铸铁 | cast iron | 乐器 | musical vessels | 金属软管 | metal hose |
| 金币 | gold coin | 金属炊具 | metal cookware | 扳手 | wrench |

（续）

| 银币 | silver coin | 烹饪锅 | cooking pot | 锡纸 | tin foil |
|---|---|---|---|---|---|
| 金饰 | gold jewelry | 平底锅 | pan | 铝制品 | aluminum object |
| 银饰 | silver jewelry | 烤盘 | baking sheet | 铝瓶 | aluminum bottle |
| 金冠 | gold crown | 深煮锅 | saucepan | 铝罐 | aluminum can |
| 领带夹 | tie clip | 煎锅 | frying pan | 铝制雕塑 | aluminum sculpture |
| 金属武器 | metal weapon | 炒锅 | wok | 金属建筑物 | metal building |
| 刀 | knife | 汤锅 | stockpot | 埃菲尔铁塔 | Eiffel tower |
| 剑 | sword | 金属餐具 | metal tableware | 铁栏杆 | iron railing |
| 铠甲 | armor | 金属刀具 | metal knife | 铁丝网 | chicken wire |
| 矛 | spear | 汤勺 | soup spoon | 钩花网 | chain-link fencing |
| 斧 | axe | 冰淇淋勺 | ice cream spoon | 铸铁拱桥 | cast-iron arch bridge |
| 狼牙棒 | mace | 牛油刀 | butter knife | 过山车 | roll coaster |
| 匕首 | dagger | 鱼刀 | fish knife | 铁轨 | railway track |
| 军刀 | sabre | 叉子 | fork | | |

## 实例关键词要点解析

内容提示词：有莲花和鸟儿的圆形金属工艺品，金色，镂空设计，放在桌子上。
背景和环境提示词：白色墙壁背景。
品控提示词：大师杰作，高质量，高分辨率，独创性，极高细节的壁纸效果，完美照明。
反向提示词：不适宜内容，最差质量，低质量，普通质量，低分辨率，单色效果，画面发灰，丑陋的，重复，病态，残缺，模糊，署名，水印，文字。

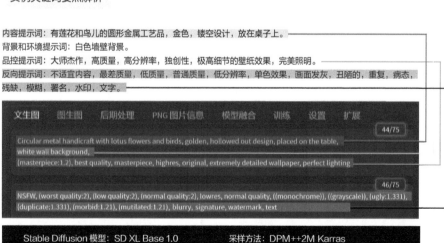

**实例关键词效果展示**

种子数:
3188876725

## 3.1.4 食品静物

一般来说,食品就是日常生活中供人食用或饮用的物品,包括加工过的、未加工的和半成品。对于人体来说,食品通常会提供营养价值和感官价值,有的可能还具有调节生理机能的价值。

在绘画和设计领域中,我们通常重视的是食品的感官价值,如对于食品颜色、形状、质感等方面的要求,另外,好的构图和适当的背景衬托也能满足人们的视觉需求,令人感到赏心悦目的同时,还能够起到刺激食欲和购买欲的作用。

## 常见的食品静物相关提示词参考

| 食物 | food | 坚果 | groundnut | 巧克力 | chocolate |
|---|---|---|---|---|---|
| 水果 | fruit | 大蒜 | garlic | 糖果 | candy |
| 苹果 | apple | 大葱 | welsh onion | 炸面圈 | doughnut |
| 梨 | pear | 洋葱 | onion | 水果派 | fruit pie |
| 香蕉 | banana | 莲藕 | lotus root | 蛋挞 | custard tart |
| 桃 | peach | 胡萝卜 | carrot | 饮品 | drink |
| 芒果 | mango | 土豆 | potato | 茶 | tea |
| 樱桃 | cherry | 萝卜 | radish | 牛奶 | milk |
| 西瓜 | watermelon | 快餐 | fast food | 咖啡 | coffee |
| 椰子 | coconut | 三明治 | sandwich | 热可可 | hot chocolate |
| 石榴 | pomegranate | 汉堡 | hamburger | 果汁 | juice |
| 柠檬 | lemon | 鸡块 | chicken nugget | 奶茶 | milk tea |
| 葡萄 | grapes | 炸薯条 | chips | 酸奶 | yogurt |
| 草莓 | strawberry | 炸鸡 | fried chicken | 苏打水 | soda |
| 火龙果 | dragon fruit | 热狗 | hot dog | 可乐 | cola |
| 杨桃 | star fruit | 洋葱圈 | onion rings | 能量饮料 | energy drink |
| 哈密瓜 | hami melon | 意大利面 | pasta | 啤酒 | beer |
| 蔬菜 | vegetable | 披萨 | pizza | 苹果酒 | cider |
| 卷心菜 | cabbage | 沙拉 | salad | 朗姆酒 | rum |
| 芹菜 | celery | 香肠 | sausage | 伏特加酒 | vodka |
| 豌豆 | pea | 塔可 | taco | 威士忌 | whisky |
| 菠菜 | spinach | 寿司 | sushi | 鸡尾酒 | cocktail |
| 南瓜 | pumpkin | 甜点 | dessert | 葡萄酒 | wine |
| 玉米 | corn | 饼干 | biscuit | 米酒 | rice drink |
| 黄瓜 | cucumber | 蛋糕 | cake | 中餐 | Chinese food |
| 茄子 | eggplant | 冰淇淋 | ice cream | 面条 | noodle |
| 番茄 | tomato | 布丁 | pudding | 米饭 | rice |
| 冬瓜 | winter melon | 马卡龙 | macaroon | 包子 | steamed stuffed bun |
| 辣椒 | chili | 面包 | bead | 馒头 | steamed bread |
| 西兰花 | broccoli | 曲奇 | cookie | 饺子 | dumpling |

## 实例关键词要点解析

内容提示词：白色盘子里的马卡龙，有浅粉色、浅紫色、浅绿色和浅黄色等各种莫兰迪色。
背景和环境提示词：粉色背景，模糊背景。
品控提示词：大师杰作，高质量，高分辨率，独创性，极高细节的壁纸效果，完美照明。
反向提示词：不适宜内容，最差质量，低质量，普通质量，低分辨率，单色效果，画面发灰，丑陋的，重复，病态，残缺，模糊，署名，水印，文字。

| 文生图 | 图生图 | 后期处理 | PNG 图片信息 | 模型融合 | 训练 | 设置 | 扩展 |

51/75

Macarons on a white plate, Various Modiland colors such as light pink, light purple, light green, and light yellow, pink background, blurry background, (masterpiece:1.2), best quality, masterpiece, highres, original, extremely detailed wallpaper, perfect lighting,

46/75

NSFW, (worst quality:2), (low quality:2), (normal quality:2), lowres, normal quality, ((monochrome)), ((grayscale)), (ugly:1.331), (duplicate:1.331), (morbid:1.21), (mutilated:1.21), blurry, signature, watermark, text

Stable Diffusion 模型：SD XL Base 1.0
外挂 VAE 模型：SD XL VAE
迭代步数：25
采样方法：DPM++2M Karras
宽度 x 高度：1024x1024
提示词引导系数：10

## 实例关键词效果展示

种子数：
3468790082

## 3.2　风景

风景包括自然景观和人文景观，我们这里主要列举自然景观，同时兼顾城市景观，有的是我们日常生活中就能看到的风景，也有的是只能在电视、网络或书籍中才能欣赏到的风景。

### 3.2.1　山地风景

山地风景主要以高山、丘陵为主，既有险峻高耸的山峰，也有连绵不绝的山脉，还有坡度低缓的山丘，整体展现出山岳形胜的姿态美。描述山地风景时除了山地本身的形态，还可以配合天气情况，如晴天、多云、雨天或雷暴等，也可以配合季节，如春季的青翠柔和、夏季的骄阳似火、秋季的黄叶漫山或冬季的白雪皑皑等。

**常见的山地风景相关提示词参考**

| 风景 | landscape | 平原 | plain | 圆顶 | dome |
|---|---|---|---|---|---|
| 山地 | mountain | 高原 | plateau | 丘陵 | hill range |
| 岩石 | rock | 小山谷 | ravine | 喜马拉雅山 | Himalaya |
| 山谷 | valley | 岩洞 | rock shelter | 珠穆朗玛峰 | Everest |
| 山脊 | ridge | 鞍座 | saddle | 昆仑山脉 | Kunlun Mountains |
| 山坳 | col | 碎石 | scree | 天山 | Mt.Tian shan |
| 裂缝 | crevasse | 宽谷 | strath | 安第斯山脉 | Andes mountains |
| 岛山 | inselberg | 梯田 | terrace | 高加索山脉 | Caucasus Mountains |
| 高地 | highland | 谷肩 | valley shoulder | 落基山脉 | Rocky Mountains |
| 小山 | hill | 不对称山谷 | asymmetric valley | 秦岭 | Qin Mountains |
| 山口 | mountain pass | 干谷 | dry valley | 阿尔卑斯山 | Alps |
| 山脉 | mountain range | V 形山谷 | V-shaped valley | 亚平宁山脉 | The Apennines |
| 山峰 | mountain peak | U 形山谷 | U-shaped valley | 阿尔泰山脉 | Altai Mountains |

（续）

| | | | | | |
|---|---|---|---|---|---|
| 金字塔峰 | pyramidal peak | 侵蚀谷 | erosional valley | 横断山脉 | Hengduan Mountains |
| 裂谷 | rift valley | 纵向山谷 | longitudinal valley | 安南山脉 | Annamite Mountains |
| 悬谷 | hanging valley | 陡峭山谷 | steep head valley | 白头山 | Paektusan |
| | | 火山 | volcano | 北武当山 | Mount Beiwudang |
| 侧谷 | side valley | 火山口 | volcanic vent | 华山 | Huashan Mount |
| 山顶 | summit | 火山锥 | volcanic cone | 九华山 | Jiuhua Mount |
| 修剪线 | trim line | 火山群 | volcanic group | 骊山 | Lishan Mountains |
| 悬崖 | cliff | 火山岛 | volcanic island | 黄山 | Huangshan Mountains |
| 地垛 | butte | 褶皱山脉 | fold mountains | 绵山 | Mianshan |
| 峡谷 | canyon | 块状山脉 | block mountains | 嵩山 | Shaolin |
| 平地 | flat | 断块山脉 | fault-block mountains | 泰山 | Mount Taishan |
| 沟壑 | gully | 圆锥形山 | conical hill | 天门山 | Tianmen Mountains |
| 小山丘 | hillock | 草山 | grass mountain | 五台山 | Mount Wutai |
| 台地 | mesa | | | 庐山 | Lushan Mountains |

## 实例关键词要点解析

内容提示词：近处是连绵不断的山脉，远处是正在升起的太阳和布满云彩的天空。
背景和环境提示词：日出背景，模糊背景。
品控提示词：大师杰作，高质量，高分辨率，独创性，极高细节的壁纸效果，完美照明。
反向提示词：不适宜内容，最差质量，低质量，普通质量，低分辨率，单色效果，画面发灰，丑陋的，模糊，署名，
水印，文字。

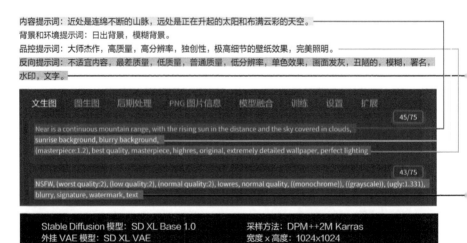

**实例关键词效果展示**

种子数：
950604990

## 3.2.2 水域风景

水域风景是自然景观中灵动感最强的景观，既有奔流的江河、潺潺的小溪、翻滚的波涛、倾泻的瀑布这样动态的水域，也有秀美的湖泊、平静的大海、雨后的池塘、氤氲的温泉这样静态的水域，可谓是动静结合，变幻莫测。

水域风景不仅单独存在时观赏性强，还能够与山结合形成山清水秀、依山傍水的自然美景，或与城市结合形成四通八达、纵横交错的水系交通，也可与乡村结合形成宁静优美、蜿蜒曲折的田园景致。

## 常见的水域风景相关提示词参考

| 水体 | waterbody | 支流 | tributary | 圣井 | holy well |
|------|-----------|------|-----------|------|-----------|
| 海洋 | ocean | 溪流池 | stream pool | 圣泉 | sacred spring |
| 湖泊 | lake | 浅滩 | riffle | 白垩溪 | chalk stream |
| 池塘 | pond | 河流源头 | river source | 浮岛 | floating island |
| 湿地 | wetland | 河床 | stream bed | 河岛 | river island |
| 水坑 | puddle | 水坝 | dam | 人工岛 | artificial island |
| 河流 | river | 三角洲 | river delta | 湖岛 | lake island |
| 溪流 | stream | 冰川 | glacier | 群岛 | archipelago |
| 运河 | canal | 冰帽 | ice cap | 平衡湖 | balancing lake |
| 水库 | reservoir | 冰原 | ice field | 平衡池 | balancing pond |
| 海湾 | bay | 冰盖 | ice sheet | 鱼梯 | fish ladder |
| 水道 | waterways | 天然港口 | natural harbor | 水槽 | flume |
| 瀑布 | waterfall | 人工港口 | artificial harbor | 海角 | cape |
| 泉水 | spring water | 温泉 | hot spring | 海岸 | coast |
| 间歇泉 | geyser | 大海 | sea | 岬 | headland |
| 急流 | rapid | 泻湖 | lagoon | 海沟 | oceanic trench |
| 人工湖 | artificial lake | 春池 | vernal pool | 海洞 | sea cave |
| 人工池塘 | artificial pond | 磨坊池 | mill pond | 海山 | seamount |
| 海臂 | sea-arm | 护城河 | moat | 沙嘴 | spit |
| 湖 | loch | 冷水池 | plunge pool | 分水岭 | watershed |
| 峡湾 | fjord | 倒影池 | reflecting pool | 风浪 | wind wave |
| 海峡 | strait | 沙洲 | sandbar | 涟漪 | ripples |
| 河口 | estuary | 冰下湖 | underground lake | 涌浪 | swell |
| 沼泽 | marsh | 地下河 | underground river | 海浪 | ocean wave |
| 死水潭 | billabong | 地表水 | surface water | 狂风浪 | rogue wave |
| 河道 | channel | 冲击河 | alluvial river | 冲浪波 | surf wave |
| 小海湾 | cove | 辫状河 | braided river | 破碎波 | breaking wave |
| 浅溪 | brook | 曲流河 | meander river | 海啸 | tsunami |
| 小河 | runnel | 黑水河 | blackwater river | 防波堤 | breakwater |

## 实例关键词要点解析

内容提示词：山脚下有一处极大的湖泊，湖水清澈，湖面有山的倒影。
背景和环境提示词：蓝天和白云背景。
品控提示词：大师杰作，高质量，高分辨率，独创性，极高细节的壁纸效果，完美照明。
反向提示词：不适宜内容，最差质量，低质量，普通质量，低分辨率，单色效果，画面发灰，丑陋的，模糊，署名，水印，文字。

| 文生图 图生图 后期处理 PNG图片信息 模型融合 训练 设置 扩展 | 70/75 |
| --- | --- |

a large lake at the foot of the mountain, clear water, reflection of the mountain, blue sky and white clouds background,
(masterpiece:1.2), best quality, masterpiece, highres, original, extremely detailed wallpaper, perfect lighting

26/75

NSFW, (worst quality:2), (low quality:2), (normal quality:2), lowres, normal quality, ((monochrome)), ((grayscale)), (ugly:1.331), blurry, signature, watermark, text

Stable Diffusion 模型：SD XL Base 1.0　　采样方法：DPM++2M Karras
外挂 VAE 模型：SD XL VAE　　　　　　宽度×高度：1024x1024
迭代步数：30　　　　　　　　　　　　提示词引导系数：10

## 实例关键词效果展示

种子数：
3531977208

### 3.2.3 城市风景

城市风景以街道、建筑物等人造景观为主, 有的是繁华忙碌的大都市, 有的是宁静古朴的小城镇, 有的是灯红酒绿的夜生活, 有的是清新秀丽的人间仙境, 不论是哪种风格的城市, 都有它独特的美丽风景。

不同的城市会传达出不同的风景讯息, 描绘城市景观, 既可以着重于人来人往的街头或无人问津的小巷, 也可以着重于某处富有文艺气息的咖啡馆或烟火气息的菜市场, 另外, 也别忘了城市中一年四季的不同特色, 甚至是早晨、中午、傍晚和夜晚都会有截然不同的面貌。

**常见的城市风景相关提示词参考**

| 城市 | city | 市 | municipality | 运输 | transportation |
|---|---|---|---|---|---|
| 城市景观 | cityscape | 别墅 | villa | 街道 | street |
| 市区 | urban area | 公共场所 | public space | 道路 | road |
| 市中心 | city center | 人行道 | pavement | 公路 | highway |
| 市郊 | suburb | 广场 | square | 公交车 | bus |
| 都市圈 | conurbation | 公园 | park | 公交站 | bus station |
| 大都会 | metropolis | 集市 | agora | 无轨电车 | trolleybus |
| 特大城市 | megactiy | 休闲中心 | leisure centre | 出租车 | taxi |
| 时尚之都 | fashion capital | 街头表演 | busking | 地铁 | subway |
| 工业城市 | industrial city | 餐厅 | restaurant | 地铁站 | subway station |
| 卫星城 | edge city | 商店 | shop | 隧道 | tunnel |
| 大学城 | college town | 贫民窟 | ghetto | 火车 | train |
| 建筑物 | building | 棚户区 | shanty town | 火车站 | train station |
| 房屋 | house | 首都 | capital | 飞机 | airplane |
| 公寓 | apartment | 北京 | Beijing | 飞机场 | airport |
| 学校 | school | 伦敦 | London | 轮船 | ship |
| 购物中心 | shopping mall | 华盛顿 | Washington | 港口 | port |

（续）

| 体育场 | sports venue | 巴黎 | Paris | 轻轨 | light rail |
|------|------------|-----|-------|------|-----------|
| 剧院 | theatre | 莫斯科 | Moscow | 自行车道 | cycleway |
| 酒吧 | pub | 东京 | Tokyo | 城市结构 | urban structure |
| 咖啡馆 | coffee shop | 首尔 | Seoul | 城市设计 | urban design |
| 超市 | supermarket | 罗马 | Rome | 城市规划 | urban plan |
| 酒店 | hotel | 新加坡 | Singapore | 网格规划 | grid plan |
| 医院 | hospital | 耶路撒冷 | Jerusalem | 融合型路网 | fused grid |
| 动物园 | zoo | 开罗 | Cairo | 同心环城市 | concentric ring city |
| 电影院 | cinema | 雅加达 | Jakarta | 核心框架市 | core frame city |
| 银行 | bank | 曼谷 | Bangkok | 线性城市 | linear city |
| 图书馆 | library | 柏林 | Berlin | 同心区城市 | concentric city |
| 摩天大楼 | skyscraper | 马德里 | Madrid | 多核城市 | multiple nuclei city |
| 博物馆 | museum | 平壤 | Pyongyang | 扇形城市 | sector city |

## 实例关键词要点解析

内容提示词：繁忙都市，就像上海和香港一样，摩天大厦，鸟瞰视角，地平线，夜晚。
背景和环境提示词：模糊的天空背景。
品控提示词：大师杰作，高质量，高分辨率，独创性，极高细节的壁纸效果，完美照明。
反向提示词：不适宜内容，最差质量，低质量，普通质量，低分辨率，单色效果，画面发灰，丑陋的，模糊，署名，水印，文字。

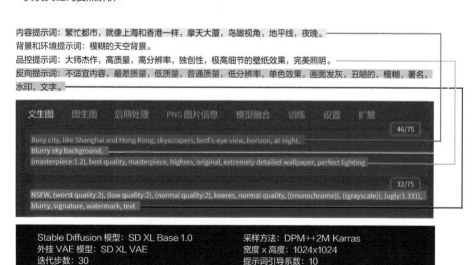

**实例关键词效果展示**

种子数:
1224330171

### 3.2.4　田园风景

　　田园风景通常就是指乡村的自然风光，包括田野、农地、园圃、房屋等人工或野生的景观，可以描绘大面积种植的农作物或经济作物，也可以对准某一处小景观，如一束花、一株树等来加以展现，不论远景还是近景，重点都在于自然与人类相结合后所呈现出的风光。

　　与城市风景相比，田园风景会有更多植物的身影，即便是在现代社会，田园也是能容纳更多野趣的景观，尤其在表现人们想象中的田园世界时，会比现实生活中看到的乡村更具有原始美。

## 常见的田园风景相关提示词参考

| 田园 | pastoral | 农村 | rural area | 桦树 | birch tree |
|------|----------|------|-----------|------|-----------|
| 田野 | field | 村庄 | village | 银杏树 | ginkgo tree |
| 麦田 | wheat field | 郊野公园 | country park | 油菜花 | rapeseed blossom |
| 农田 | farmland | 种植园 | plantation | 田园动物 | pastoral animal |
| 稻田 | rice paddy | 农民 | peasant | 猫 | cat |
| 牧场 | pasture | 农具 | farm tool | 狗 | dog |
| 牧羊犬 | sheepdog | 农村风光 | rural scenery | 兔子 | rabbit |
| 马 | horse | 农村生活 | rural life | 小鸟 | bird |
| 牛 | cow | 农家小院 | farmyard | 松鼠 | squirrel |
| 棉羊 | sheep | 采摘园 | ticking garden | 燕子 | swallow |
| 鸡 | chicken | 丰收 | harvest | 鸟巢 | nest |
| 鸭 | duck | 田间小路 | field path | 蝴蝶 | butterfly |
| 鹅 | goose | 晒场 | drying ground | 蜜蜂 | bee |
| 猪 | pig | 蔬菜园 | vegetable garden | 蚂蚁 | ant |
| 山羊 | goat | 小麦 | wheat | 蜘蛛 | spider |
| 谷仓 | barn | 麦穗 | ear of wheat | 鸽子 | pigeon |
| 农场 | farm | 玉米 | corn | 蟋蟀 | cricket |
| 农场主 | farmer | 大豆 | soybean | 蜻蜓 | dragonfly |
| 干草垛 | hay lot | 高粱 | sorghum | 草地 | meadow |
| 果园 | orchard | 农作物 | crop | 花道 | flower path |
| 果树 | fruit tree | 田园植物 | pastoral plant | 林荫小道 | wooded path |
| 苹果树 | apple tree | 田园花卉 | pastoral flower | 花海 | sea of flowers |
| 梨树 | pear tree | 向日葵 | sunflower | 荷塘 | lotus pond |
| 桃树 | peach tree | 牵牛花 | morning glory | 绿树成荫 | green trees shades |
| 枣树 | jujube tree | 野草 | wild grass | 鸟儿鸣叫 | birds chirping |
| 橘树 | orange tree | 蒲公英 | dandelion | 落英缤纷 | fallen petals lie in profusion |
| 杏树 | apricot tree | 樱花 | cherry blossom | 草木葱茏 | luxuriant foliage |
| 水田 | paddy field | 桃花 | peach blossom | 晴空万里 | clear sky for miles |
| 梯田 | terrace | 杨树 | poplar tree | 静谧村庄 | tranquil village |
| 乡村 | countryside | 柳树 | willow tree | 田园牧歌 | idyll |

## 实例关键词要点解析

内容提示词：黄色和绿色的油菜花田，近处是油菜花的特写，远处是田地，夏天。
背景和环境提示词：树木背景，模糊背景。
品控提示词：大师杰作，高质量，高分辨率，独创性，极高细节的壁纸效果，完美照明。
反向提示词：不适宜内容，最差质量，低质量，普通质量，低分辨率，单色效果，画面发灰，丑陋的，模糊，署名，水印，文字。

| 文生图 | 图生图 | 后期处理 | PNG 图片信息 | 模型融合 | 训练 | 设置 | 扩展 | |
|---|---|---|---|---|---|---|---|---|

48/75

Rapeseed fields, yellow and green, near is close-up of rapeseed blossoms, depth of field, summer, trees background, blurry background,
(masterpiece:1.2), best quality, masterpiece, highres, original, extremely detailed wallpaper, perfect lighting

32/75

NSFW, (worst quality:2), (low quality:2), (normal quality:2), lowres, normal quality, ((monochrome)), ((grayscale)), (ugly:1.331), blurry, signature, watermark, text

Stable Diffusion 模型：SD XL Base 1.0     采样方法：DPM++2M Karras
外挂 VAE 模型：SD XL VAE     宽度 x 高度：1024x1024
迭代步数：30     提示词引导系数：10

## 实例关键词效果展示

种子数：
2896129196

## 3.2.5　沙漠风景

沙漠就是指地面被沙土覆盖，极度干旱且动物、植物都非常稀少的地区，一般很少下雨，年降水量在 250 毫米以下，而且昼夜温差极大，夏秋季正午地表温度高达 60~80℃，夜间却只有 10℃以下。

提起沙漠，人们往往会想到一望无际的黄沙，其实沙漠中也会有其他景观，比如仙人掌、红柳等抗旱植物，骆驼、蜥蜴、耳廓狐等动物，还可能看见小片的绿洲、奇特的碎石圈、风蚀柱等大自然鬼斧神工的杰作，在画面中加入这些元素也能增加内容的趣味性。

**常见的沙漠风景相关提示词参考**

| | | | | | |
|---|---|---|---|---|---|
| 沙漠 | desert | 多刺仙人掌 | prickly cactus | 斑马尾蜥蜴 | zebra-tailed lizard |
| 干旱 | arid | 树状仙人掌 | tree cactus | 鸟蜥 | guanid lizard |
| 半干旱 | semiarid | 柱状仙人掌 | cylindrical cactus | 沙漠棉尾兔 | desert cottontail |
| 极地沙漠 | polar desert | 球形仙人掌 | spherical cactus | 沙漠大角羊 | desert bighorn sheep |
| 寒冷沙漠 | cold desert | 攀援仙人掌 | climbing cactus | 响尾蛇 | rattlesnake |
| 沙子 | sand | 附生仙人掌 | epiphytic cactus | 双峰驼 | bactrian camel |
| 沙尘暴 | dust storm | 沙生植物 | psammophyte | 沙漠蜈蚣 | desert centipede |
| 沙丘 | dune | 沙米 | sand rice | 沙漠王蛇 | desert king snake |
| 新月形沙丘 | barchan dune | 梭梭 | saxaul | 南极沙漠 | Antarctic Desert |
| 线性沙丘 | linear dune | 沙蟾蜍亚麻 | sand toadflax | 北极沙漠 | Arctic Desert |
| 星形沙丘 | star dune | 灰毛草 | grey hair-grass | 撒哈拉沙漠 | Sahara Desert |
| 圆顶形沙丘 | dome dune | 牛头草 | ox head grass | 阿拉伯沙漠 | Arabian Desert |
| 抛物线沙丘 | parabolic dune | 豚草 | ragweed | 戈壁沙漠 | Gobi Desert |
| 阴影沙丘 | shadow dune | 沙漠铁木 | desert ironwood | 叙利亚沙漠 | Syrian Desert |
| 纵向沙丘 | longitudinal dune | 沙漠漆树 | desert sumac | 大盆地沙漠 | Great Basin Desert |
| 新月形沙丘 | barchan dune | 山柑属植物 | capparis decidua | 奇瓦瓦沙漠 | Chihuahuan Desert |
| 沙海 | sand sea | 沙漠水果 | desert fruit | 索诺兰沙漠 | Sonoran Desert |

（续）

| 热带沙漠 | tropical desert | 沙漠无花果 | desert fig | 塔克拉玛干 | Taklamakan Desert |
|---|---|---|---|---|---|
| 沙漠洼地 | desert depression | 沙漠杏仁 | desert almond | 欧加登沙漠 | Ogaden Desert |
| 雅丹地貌 | yardang landform | 沙漠桃 | desert peach | 塔尔沙漠 | Thar Desert |
| 蘑菇岩 | mushroom rock | 沙漠葡萄干 | desert raisin | 邦特兰沙漠 | Puntland Desert |
| 黄色沙丘 | yellow dune | 沙漠泉洞 | desert quandong | 古班沙漠 | Guban Desert |
| 沙层 | sand sheet | 沙漠动物群 | desert fauna | 纳米布沙漠 | Namib Desert |
| 沙漠路面 | desert pavement | 旱生动物 | xerocole | 阿尔法沙漠 | Afar Desert |
| 沙漠绿洲 | desert oasis | 骆驼 | camel | 莫哈维沙漠 | Mojave Desert |
| 沙漠植物 | desert flora | 沙猫 | sand cat | 查尔比沙漠 | Chalbi Desert |
| 多肉植物 | succulent plant | 沙漠袋鼠 | desert kangaroo rat | 卡维尔沙漠 | Kavir Desert |
| 仙人掌 | opuntia | 耳廓狐 | fennec fox | 费洛沙漠 | Ferlo Desert |
| 针状仙人掌 | needle shaped cactus | 长耳大野兔 | jackrabbit | | |
| 刺猬仙人掌 | hedgehog cactus | 蜥蜴 | lizard | | |

## 实例关键词要点解析

内容提示词: 枯燥的沙漠，黄色，远处有一棵枯树，蓝天。
背景和环境提示词: 模糊背景。
品控提示词: 大师杰作，高质量，高分辨率，独创性，极高细节的壁纸效果，完美照明。
反向提示词: 不适宜内容，最差质量，低质量，普通质量，低分辨率，单色效果，画面发灰，丑陋的，模糊，署名，水印，文字。

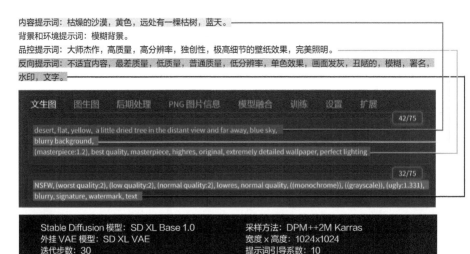

**实例关键词效果展示**

种子数：
35072226

## 3.2.6　森林风景

　　森林是一个以木本植物为主形成的生物群落，森林中的乔木、灌木等植物和动物、微生物、土壤之间既要彼此依存，又要相互制约，形成了完整的生态系统结构，同时也因其对于环境的重要影响而被称为"地球之肺"。

　　目前，森林约占地球表面的 9.5%，总土地面积的 30%，承担着作为地球基因库、碳贮库、蓄水库和能源库的重大责任。在我国的原生性森林中，针叶林约占 49.5%，阔叶林约占 47.5%，针阔叶混交林约占 3%，主要集中在东北、西南林区。

## 常见的森林风景相关提示词参考

| 森林 | forest | 云杉 | spruce | 森林天堂 | forest haven |
|---|---|---|---|---|---|
| 树木 | tree | 柳杉 | cryptomeria | 茂密林荫 | lush shade of trees |
| 植物 | plant | 红杉 | sequoia | 高耸树木 | towering trees |
| 森林公园 | forest park | 硬木植物 | hardwoods | 青葱树林 | verdant forest |
| 针叶林 | coniferous forest | 金合欢 | acacia | 森林野趣 | forest wilderness |
| 硬叶林 | sclerophyll forest | 紫檀 | padauk | 高山森林 | mountain forest |
| 阔叶林 | broadleaf forest | 白蜡 | fraxinus | 绿意盎然 | abundant greenery |
| 混交林 | mixed forest | 杨树 | populus | 古老树木 | ancient trees |
| 雨林 | rainforest | 椴树 | tilia | 密集树冠 | dense forest canopy |
| 落叶林 | deciduous forest | 山毛榉 | fagus grandifolia | 摇曳树影 | swaying tree shadow |
| 干燥森林 | dry forest | 桦树 | birch | 森林迷宫 | forest labyrinth |
| 野生森林 | wild forest | 黄杨 | buxus sempervirens | 翠绿松柏 | verdant junipers |
| 国家森林 | national forest | 灰胡桃 | juglans cinerea | 森林生态 | forest ecology |
| 原始森林 | old-growth forest | 樟树 | camphor tree | 自然奇观 | natural wonders |
| 土壤保护储备 | conservation reserve | 桉树 | eucalyptus | 森林探险 | forest exploration |
| 防护林 | protection forest | 橡树 | oak | 翠绿新芽 | fresh green shoots |
| 袖珍森林 | pocket forest | 槭属植物 | acer | 金黄树叶 | golden leaves |
| 河岸森林 | riparian forest | | | 枫叶飘零 | maple leaves falling |
| 次生林 | secondary forest | 竹子 | bamboo | 落叶如雨 | leaves falling like rain |
| 旱生林 | thorn forest | 棕榈树 | palm tree | 树木成林 | trees forming a forest |
| 木本植物 | woody plants | 茂密森林 | dense forest | 雪中松树 | pine trees in the snow |
| 软木植物 | soft woods | 老树参天 | towering old trees | 松软苔藓 | soft moss |
| 南洋杉 | araucaria | 森林绿意 | forest greenery | 林间雪花 | snowflake in the wood |
| 雪松 | cedrus | 林荫小径 | shaded forest path | 雪地足迹 | footprints in the snow |
| 丝柏 | cypress | 碧绿树叶 | emerald green foliage | 雪中植被 | plants in the snow |
| 冷杉 | fir | 多样植被 | diverse vegetation | 冰雪森林 | snowy forest |
| 铁杉 | tsuga | 森林薄雾 | forest mist | 冬日森林 | winter forest |
| 落叶松 | larch | 清晨雾气 | morning mist | 冰雪覆盖 | snow-covered |
| 松树 | pine | 落叶铺地 | carpet of fallen leaves | | |

## 实例关键词要点解析

内容提示词：森林，许多绿色松树，冬季，白雪覆盖松树，来自上方的鸟瞰视角。
背景和环境提示词：蓝天和白云背景，模糊背景。
品控提示词：大师杰作，高质量，高分辨率，独创性，极高细节，完美照明。
反向提示词：不适宜内容，最差质量，低质量，普通质量，低分辨率，单色效果，画面发灰，丑陋的，模糊，署名，水印，文字。

| 文生图 | 图生图 | 后期处理 | PNG 图片信息 | 模型融合 | 训练 | 设置 | 扩展 |
|---|---|---|---|---|---|---|---|

51/75

Forest, many green pine trees, winter, snow covered pine trees, bird's-eye view, from above, blue sky and white cloud background, blurry background,
(masterpiece:1.2), best quality, masterpiece, highres, original, (extremely detailed:2), perfect lighting,

32/75

NSFW, (worst quality:2), (low quality:2), (normal quality:2), lowres, normal quality, ((monochrome)), ((grayscale)), (ugly:1.331), blurry, signature, watermark, text

| Stable Diffusion 模型：SD XL Base 1.0 | 采样方法：DPM++SDE Karras |
|---|---|
| 外挂 VAE 模型：SD XL VAE | 宽度 x 高度：1024x1024 |
| 迭代步数：30 | 提示词引导系数：10 |

## 实例关键词效果展示

种子数：
93839041

## 3.2.7 丛林风景

丛林也是一个聚集了大量植物的地区，但与森林中以木本植物为主不同，丛林中更多的是草本植物，分布在地球较炎热的地带，覆盖率比森林略低，而且丛林内雨量充沛、植被密集，阳光无法穿透，导致植物之间成为竞争关系。

丛林中最常见的草本植物通常表现为茎秆柔软、体形矮小且寿命较短，分为一年生、二年生和多年生，会经历发芽、生长、开花、结果、死亡等一系列周期过程，可以着重表现其开花时的美丽场景。

**常见的丛林风景相关提示词参考**

| 丛林 | jungle | 夹竹桃 | nerium | 清新的 | pristine |
|---|---|---|---|---|---|
| 草本植物 | herbaceous plants | 鼠尾草 | salvia | 僻静的 | secluded |
| 类禾本科植物 | graminoid | 接骨木 | sambucus | 奇特的 | unique |
| 莎草 | sedge | 红豆杉 | taxus | 静谧的 | tranquil |
| 灯芯草 | rushes | 马鞭草 | verbena | 湿润的 | moist |
| 蕨类植物 | fern | 槲寄生 | viscum | 清新的 | fresh |
| 松叶蕨 | psilotum nudum | 丛林气候 | jungle climate | 茂盛的 | flourishing |
| 王蕨 | Wang Fern | 热带 | tropical | 草木繁茂 | lush vegetation |
| 欧紫萁 | osmunda regalis | 湿润 | humid | 清泉 | clear spring |
| 膜叶藻 | membrane leaf algae | 季风 | monsoon | 青翠欲滴 | verdant |
| 双扇蕨 | dipteris conjugata | 高温度 | high temperature | 草木丰盛 | abundant grass |
| 水龙骨属 | polypodium | 高湿度 | high humidity | 林中小溪 | forest stream |
| 藤本植物 | vine | 闷热 | stifling heat | 林中动物 | forest animals |
| 漆树 | rhus | 阵雨 | showers | 丛林冒险 | jungle adventure |
| 猪笼草 | nepenthes | 潮湿 | damp | 水中倒影 | reflection in the water |
| 含羞草 | hultholia mimosoides | 骤雨 | sudden downpour | 湿地植被 | wetland vegetation |
| 灌木 | shrub/bush | 炎热 | scorching | 夜晚的丛林 | jungle at night |
| 落叶灌木 | deciduous shrub | 蒸汽雾 | steamy mist | 石上的苔藓 | moss on the rocks |

（续）

| 常绿灌木 | evergreen shrub | 丰富的降雨 | abundant rainfall | 树叶摇曳 | leaves swaying |
| 匍匐灌木 | prostrate shrub | 云雾缭绕 | mist swirling | 猛禽飞翔 | raptors soaring |
| 亚灌木 | subshrub | 亚热带 | subtropical | 野生花朵 | wildflowers |
| 芦荟 | aloe | 繁茂 | lush | 林中蛙鸣 | frog calls in the jungle |
| 艾草 | artemisia | 茂密 | dense | 溪流蜿蜒 | winding creek |
| 山茱萸 | cornus | 古老的 | ancient | 丛林阳光 | sunlight in the jungle |
| 罂粟木 | dendromecon | 绿色植物 | green plants | 丛林雾气 | mist in the jungle |
| 龙血树 | dracaena | 低矮的 | low | 绿色树叶 | green leaves |
| 连翘 | forsythia | 野生的 | wild | 河流穿过 | river winding through |
| 沙棘 | hippophae | 丰富的 | abundant | 植被茂盛 | densely vegetation |
| 常春藤 | hedera | 多样的 | diverse | 丛林生态 | jungle ecosystem |
| 金银花 | honeysuckle | 神秘的 | mysterious | 丛林生命力 | vitality of the jungle |

## 实例关键词要点解析

内容提示词：丛林，低矮的绿色植物，小溪穿林流过，雨天。
背景和环境提示词：植物背景，模糊背景。
品控提示词：大师杰作，高质量，高分辨率，独创性，极高细节，完美照明。
反向提示词：不适宜内容，最差质量，低质量，普通质量，低分辨率，单色效果，画面发灰，丑陋的，模糊，署名，水印，文字。

Jungle, low green plants, small streams flowing through, rainy days, plants background, blurry background, (masterpiece:1.2), best quality, masterpiece, highres, original, (extremely detailed:2), perfect lighting,

NSFW, (worst quality:2), (low quality:2), (normal quality:2), lowres, normal quality, ((monochrome)), ((grayscale)), (ugly:1.331), blurry, signature, watermark, text

Stable Diffusion 模型：SD XL Base 1.0　　采样方法：DPM++SDE Karras
外挂 VAE 模型：SD XL VAE　　宽度 x 高度：1024x1024
迭代步数：30　　提示词引导系数：10

**实例关键词效果展示**

种子数:
2170832207

## 3.3 动物

动物通常是指能够自主运动并对外界有所感知的生物,人类也属于动物界的一个类别,根据动物体内有无脊椎的区别,动物被分为无脊椎动物和有脊椎动物两大种类。

### 3.3.1 哺乳动物

哺乳动物与鱼类、鸟类、爬行类和两栖类动物同属于有脊椎动物,哺乳动物区别于其他动物的最大特征就是胎生。现存于世的哺乳动物约有五千多种,具有比其他动物更发达的大脑和更复杂的行为方式,处于动物界形态结构的最高等级。

## 常见的哺乳动物相关提示词参考

| 动物 | animal | 松鼠 | squirrel | 负鼠 | opossum |
|------|--------|------|----------|------|---------|
| 哺乳动物 | mammal | 兔子 | rabbit | 蹄兔 | hyrax |
| 猫 | cat | 猎豹 | cheetah | 鼹鼠 | mole |
| 狗 | dog | 长尾猴 | langur | 穿山甲 | pangolin |
| 豹子 | leopard | 狐猴 | lemur | 貘 | tapir |
| 狮子 | lion | 水貂 | mink | 鸭嘴兽 | platypus |
| 老虎 | tiger | 长臂猿 | gibbon | 袋狼 | thylacine |
| 熊 | bear | 黑猩猩 | chimpanzee | 袋鼬 | quoll |
| 猴子 | monkey | 狒狒 | baboon | 袋熊 | wombat |
| 大象 | elephant | 猕猴 | macaque | 豺 | jackal |
| 长颈鹿 | giraffe | 猞猁 | lynx | 非洲野狗 | African wild dog |
| 斑马 | zebra | 美洲狮 | puma | 貉 | raccoon dog |
| 犀牛 | rhinoceros | 驼鹿 | moose | 小熊猫 | red panda |
| 河马 | hippo | 狼獾 | wolverine | 臭鼬 | skunk |
| 狼 | wolf | 獾 | badger | 黄鼠狼 | weasel |
| 狐狸 | fox | 野兔 | hare | 果子狸 | palm civet |
| 羚羊 | antelope | 豚鼠 | guinea pig | 猎豹 | cheetah |
| 鹿 | deer | 仓鼠 | hamster | 北极熊 | polar bear |
| 马 | horse | 树袋熊 | koala | 鬣狗 | hyena |
| 骆驼 | camel | 食蚁兽 | anteater | 水牛 | buffalo |
| 猪 | pig | 跳鼠 | jerboa | 跳羚 | springbok |
| 熊猫 | panda | 野牛 | bison | 瞪羚 | gazelle |
| 袋鼠 | kangaroo | 红毛猩猩 | orangutan | 角马 | wildebeest |
| 树懒 | sloth | 驴 | donkey | 蝙蝠 | bat |
| 浣熊 | raccoon | 骡 | mule | 猕猴 | macaque |
| 野猪 | wild boar | 土豚 | aardvark | 金丝猴 | snub-nosed monkey |
| 老鼠 | mouse | 刺猬 | hedgehog | | |

## 实例关键词要点解析

内容提示词: 东北虎，特写，全身构图。
背景和环境提示词: 森林背景，树木背景，蓝天背景，模糊背景。
品控提示词: 大师杰作，高质量，高分辨率，独创性，极细节，完美照明。
反向提示词: 不适宜内容，最差质量，低质量，普通质量，低分辨率，单色效果，画面发灰，丑陋的，模糊，署名，水印，文字。

| 文生图 | 图生图 | 后期处理 | PNG 图片信息 | 模型融合 | 训练 | 设置 | 扩展 |
|---|---|---|---|---|---|---|---|

43/75

Northeast tiger, close-up, full body,
forest background, trees background, blue sky background, blurry background,
(masterpiece:1.2), best quality, masterpiece, highres, original, (extremely detailed:2), perfect lighting

32/75

NSFW, (worst quality:2), (low quality:2), (normal quality:2), lowres, normal quality, ((monochrome)), ((grayscale)), (ugly:1.331), blurry, signature, watermark, text

Stable Diffusion 模型: SD XL Base 1.0　　采样方法: DPM++SDE Karras
外挂 VAE 模型: SD XL VAE　　　　　　　宽度 x 高度: 1024x1024
迭代步数: 30　　　　　　　　　　　　　提示词引导系数: 10

## 实例关键词效果展示

种子数:
1316195528

## 3.3.2 海洋动物

这里所说的海洋动物涵盖了生活在海洋中的所有动物，既包括最常见的鱼类，也包括哺乳类的鲸鱼、海豚等，还包括海星、海马、珊瑚、水母等无脊椎动物，它们的形态结构、生理特征等各个方面都十分迥异，共同塑造了生机勃勃的海洋世界。

海洋动物目前已知的约有 30 多万种，在地球上的分布也十分广泛，凡是有海洋的地方，就能找到它们的身影，哪怕是一千米以下的深海区，即便太阳光都无法到达，终日只有伸手不见五指的漆黑，也有海洋动物在那里生存。

**常见的海洋动物相关提示词参考**

| 海洋动物 | sea animal | 大白鲨 | great white shark | 树蛙 | tree frog |
|---|---|---|---|---|---|
| 鱼类 | fish | 锤头鲨 | hammerhead shark | 蟾蜍 | toad |
| 鲶鱼 | catfish | 灯笼鱼 | lanternfish | 蝾螈 | salamander |
| 黑鱼 | blackfish | 蝠鲼 | manta ray | 大鲵 | giant salamander |
| 金枪鱼 | tuna | 泥鳅 | loach | 海龟 | sea turtle |
| 小丑鱼 | clownfish | 白鲟 | paddlefish | 水母 | jellyfish |
| 神仙鱼 | angelfish | 沙丁鱼 | sardine | 海葵 | sea anemone |
| 琵琶鱼 | anglerfish | 海马 | seahorse | 珊瑚 | coral |
| 鳕鱼 | cod | 乌贼 | cuttlefish | 虾 | shrimp |
| 龙鱼 | arowana | 鲸鱼 | whale | 龙虾 | lobster |
| 鲤鱼 | carp | 须鲸 | minke whale | 小龙虾 | crayfish |
| 三文鱼 | salmon | 蓝鲸 | blue whale | 螃蟹 | crab |
| 秋刀鱼 | saury | 座头鲸 | humpback whale | 藤壶 | barnacle |
| 带鱼 | hairtail | 抹香鲸 | sperm whale | 寄居蟹 | hermit crab |
| 梭鱼 | barracuda | 宽吻鲸 | bottlenose whale | 海星 | starfish |
| 蝙蝠鱼 | batfish | 独角鲸 | narwhal | 海参 | sea cucumber |
| 黑鲈鱼 | black bass | 海豚 | dolphin | 海胆 | sea urchin |

（续）

| 河豚 | blowfish | 虎鲸 | kill whale | 海百合 | crinoid |
|------|----------|------|-----------|--------|---------|
| 蓝鳃鱼 | bluegill | 飞旋海豚 | spinner dolphin | 海雏菊 | sea daisy |
| 鲨鱼 | shark | 江豚 | finless porpoise | 软体动物 | mollusca |
| 鲳鱼 | butterfish | 海牛 | manatee | 贝类 | shellfish |
| 蝴蝶鱼 | butterflyfish | 儒艮 | dugong | 鱿鱼 | squid |
| 飞鱼 | flyingfish | 海豹 | seal | 章鱼 | octopus |
| 比目鱼 | halibut | 海狮 | sea lion | 蛾螺 | whelk |
| 石斑鱼 | rockfish | 海象 | walrus | 鹦鹉螺 | nautilus |
| 彩虹鱼 | rainbowfish | 海獭 | sea otter | 扇贝 | scallop |
| 鳗鱼 | eel | 青蛙 | frog | 海绵 | sponge |
| 蝠鲼 | devil ray | 彩蛙 | painted frog | 海蜗牛 | sea snail |
| 金鱼 | goldfish | 箭毒蛙 | poison dart frog | 海蛞蝓 | sea slug |
| 角鲨 | horn shark | | | | |

## 实例关键词要点解析

内容提示词：水母，特写。

背景和环境提示词：海洋背景，水母群背景，深蓝背景，模糊背景。

品控提示词：大师杰作，高质量，高分辨率，独创性，极高细节，完美照明。

反向提示词：不适宜内容，最差质量，低质量，普通质量，低分辨率，单色效果，画面发灰，丑陋的，模糊，署名，水印，文字。

**实例关键词效果展示**

种子数:
824197422

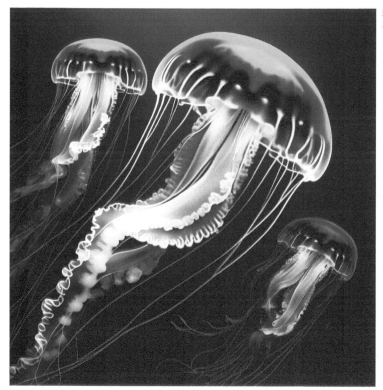

### 3.3.3　鸟类动物

鸟类动物与哺乳动物相同，都是恒温动物，其普遍特征是以卵生的形式繁衍后代，身体表面覆盖羽毛，大部分都会飞翔，当然也有例外，比如我们十分熟悉的企鹅家族。

根据生态类群的不同，鸟类分为鸣禽、游禽、攀禽、涉禽、陆禽、猛禽这六大类，其中很多鸟类都还过着随季节改变而去往不同栖息地的迁徙生活，它们通常在秋季飞往越冬地，躲避寒冷的侵袭，春季则返回营巢地，继续繁衍生息。

### 常见的鸟类动物相关提示词参考

| 鸟类 | bird | 几维鸟 | kiwi | 乌鸦 | crow |
|---|---|---|---|---|---|
| 鸟喙 | bill | 犀鸟 | hornbill | 蜡嘴鸟 | waxbill |
| 翅膀 | wing | 戴胜鸟 | hoopoe | 鹩哥 | grackle |
| 羽毛 | feather | 猫头鹰 | owl | 黄鹂 | oriole |
| 鸟尾 | bird tail | 夜鹰 | nightjar | 伯劳鸟 | shrike |
| 鸟爪 | bird talon | 鹬 | sandpiper | 吸蜜鸟 | honeyeater |
| 翼展 | wingspan | 鸸鹋 | emu | 知更鸟 | bush robin |
| 鸟巢 | bird nest | 海雀 | puffin | 麻雀 | sparrow |
| 起飞 | take off | 海鸥 | gull | 园丁鸟 | bowerbird |
| 飞行 | flight | 水雉 | jacana | 欧椋鸟 | starling |
| 悬停 | hover | 燕鸥 | tern | 八哥 | myna |
| 着陆 | land | 鹳 | stork | 鹦鹉 | parrot |
| 拾穗 | gleaning | 鸽子 | pigeon | 画眉 | thrush |
| 鸟类授粉 | bird pollination | 鹑鸠 | quail-dove | 鹈鹕 | pelican |
| 啄食 | pecking | 翠鸟 | kingfisher | 白鹭 | egret |
| 梳理羽毛 | preening | 杜鹃 | cuckoo | 苍鹭 | heron |
| 觅食 | foraging | 猎鹰 | falcon | 火烈鸟 | flamingo |
| 老鹰 | eagle | 火鸡 | turkey | 海燕 | petrel |
| 秃鹫 | buzzard | 孔雀 | peafowl | 信天翁 | albatross |
| 鹞 | harrier | 山鹑 | partridge | 金刚鹦鹉 | macaw |
| 燕尾鸢 | swallow-tailed kite | 鹤 | crane | 企鹅 | penguin |
| 角雕 | harpy eagle | 杜鹃 | cuckoo | 鸵鸟 | ostrich |
| 鸳鸯 | mandarin duck | 麝雉 | hoatzin | 鸬鹚 | cormorant |
| 绿头鸭 | mallard | 刺嘴蜂鸟 | thornbill | 军舰鸟 | frigatebird |
| 灰雁 | grey geese | 树莺 | tree-warbler | 鲣鸟 | booby |
| 鹅 | goose | 百灵鸟 | lark | 塘鹅 | gannet |
| 天鹅 | swan | 喜鹊 | magpie | 仓鸮 | barn owl |
| 雨燕 | swift | 燕子 | swallow | 绿咬鹃 | quetzal |
| 蜂鸟 | hummingbird | 啄木鸟 | woodpecker | 蛇鸟 | snakebird |

## 实例关键词要点解析

内容提示词: 蜂鸟，花朵，特写。
背景和环境提示词: 蓝天背景，树木背景，花朵背景，模糊背景。
品控提示词: 大师杰作，高质量，高分辨率，独创性，极高细节，完美照明。
反向提示词: 不适宜内容，最差质量，低质量，普通质量，低分辨率，单色效果，画面发灰，丑陋的，模糊，署名，水印，文字。

| 文生图 | 图生图 | 后期处理 | PNG 图片信息 | 模型融合 | 训练 | 设置 | 扩展 |
|---|---|---|---|---|---|---|---|

41/75

Hummingbird, flower, close-up,
blue sky background, tree background, flower background, blurry background,
(masterpiece:1.2), best quality, masterpiece, highres, original, (extremely detailed:2), perfect lighting

32/75

NSFW, (worst quality:2), (low quality:2), (normal quality:2), lowres, normal quality, ((monochrome)), ((grayscale)), (ugly:1.331),
blurry, signature, watermark, text

| Stable Diffusion 模型: SD XL Base 1.0 | 采样方法: DPM++SDE Karras |
|---|---|
| 外挂 VAE 模型: SD XL VAE | 宽度 x 高度: 1024x1024 |
| 迭代步数: 30 | 提示词引导系数: 10 |

## 实例关键词效果展示

种子数:
1188639498

### 3.3.4 爬行动物

爬行动物与鱼类、两栖类一样是变温动物，但又在身体结构上完全适应了陆地生活，因此被认为是从变温动物到恒温动物的重要过渡环节，与鸟类、哺乳类共同被称为羊膜动物。

爬行动物没有调节体温的生理机能，只能从外界获取热量，所以在行为上具有一定的共通性，比如寒冷时移动到有阳光照射的地方取暖，炎热时躲入树荫或洞穴中避暑，夏季活动和冬季休眠。

**常见的爬行动物相关提示词参考**

| 爬行动物 | reptile | 眼镜蛇 | cobra | 扬子鳄 | Chinese alligator |
|---|---|---|---|---|---|
| 龟 | turtle | 珊瑚蛇 | coral snake | 凯门鳄 | caiman |
| 海龟 | sea turtle | 曼巴蛇 | mamba snake | 黑凯门鳄 | black caiman |
| 河龟 | river turtle | 海蛇 | sea snake | 鳄鱼 | crocodile |
| 泥龟 | mud turtle | 盾尾蛇 | shield-tailed snake | 美洲鳄 | American crocodile |
| 陆龟 | tortoise | 响尾蛇 | rattlesnake | 淡水鳄 | freshwater crocodile |
| 鳄龟 | snapping turtle | 盲蛇 | blind snake | 尼罗河鳄 | Nile crocodile |
| 池塘龟 | pond turtle | 线蛇 | thread snake | 咸水鳄 | saltwater crocodile |
| 棱皮龟 | leatherback sea turtle | 阳光蛇 | sun beam snake | 沼泽鳄 | marsh crocodile |
| 侧颈龟 | side neck turtle | 沙蚺 | sand boa | 婆罗洲鳄 | Borneo crocodile |
| 蜥蜴 | agama | 死亡毒蛇 | death adder | 暹罗鳄 | Siamese crocodile |
| 变色龙 | chameleon | 长鼻蝰蛇 | long-nose adder | 侏儒鳄 | dwarf crocodile |
| 鬣蜥 | iguana | 角蝰蛇 | horned adder | 恒河鳄 | gharial |
| 豹蜥 | leopard lizard | 球蟒 | ball python | 马来长吻鳄 | false gharial |
| 项圈蜥蜴 | collared lizard | 黑蛇 | black snake | 恐龙 | dinosaur |
| 壁虎 | gecko | 树蟒 | candoia | 角盗龙 | horned thief dragon |

（续）

| 盲蜥 | blind lizard | 眼镜王蛇 | king cobra | 霸王龙 | tyrannosaurus rex |
|---|---|---|---|---|---|
| 角蜥 | horned lizard | 玉米蛇 | corn snake | 翼龙 | pterosaur |
| 无腿蜥蜴 | legless lizard | 飞蛇 | flying snake | 禽龙 | iguanodon |
| 刺尾蜥蜴 | spiny tailed lizard | 狐蛇 | fox snake | 长颈龙 | tanystropheus |
| 夜蜥蜴 | night lizard | 袜带蛇 | garter snake | 始盗龙 | eoraptor |
| 巨蜥 | monitor lizard | 草蛇 | grass snake | 梁龙 | diplodocus |
| 玻璃蜥蜴 | glass lizard | 圆箍蛇 | hoop snake | 三角龙 | triceratops |
| 蠕虫蜥蜴 | worm lizard | 百步蛇 | cottonmouth | 雷龙 | brontosaurus |
| 蛇 | snake | 金环蛇 | bungarus | 腕龙 | brachiosaurus |
| 蚺 | anaconda | 鹦鹉蛇 | parrot snake | 尖角龙 | centrosaurus |
| 绿蚺 | green anaconda | 皇后蛇 | queen snake | 冠饰角龙 | coronosaurus |
| 蝰蛇 | vipera aspis | 藤蛇 | vine snake | 弯龙 | camptosaurus |
| 无毒蛇 | colubrid | 蝮蛇 | pit viper | | |
| 管蛇 | pipe snake | 短吻鳄 | alligator | | |

## 实例关键词要点解析

内容提示词：变色龙，在树上，特写。
背景和环境提示词：树叶背景，树木背景，典型的雨林背景，模糊背景。
品控提示词：大师杰作，高质量，高分辨率，独创性，极高细节，完美照明。
反向提示词：不适宜内容，最差质量，低质量，普通质量，低分辨率，单色效果，画面发灰，丑陋的，模糊，署名，水印，文字。

文生图　图生图　后期处理　PNG图片信息　模型融合　训练　设置　扩展

43/75

Chameleon, on a tree, close-up,
leaf background, tree background, tropical rainforest background, blurry background,
(masterpiece:1.2), best quality, masterpiece, highres, original, (extremely detailed:2), perfect lighting

32/75

NSFW, (worst quality:2), (low quality:2), (normal quality:2), lowres, normal quality, ((monochrome)), ((grayscale)), (ugly:1.331),
blurry, signature, watermark, text

Stable Diffusion 模型：SD XL Base 1.0　　　采样方法：DPM++SDE Karras
外挂 VAE 模型：SD XL VAE　　　　　　　宽度 x 高度：1024x1024
迭代步数：30　　　　　　　　　　　　　提示词引导系数：10

**实例关键词效果展示**

种子数:
747061669

### 3.3.5 昆虫动物

昆虫动物属于无脊椎动物中的六足节肢动物,明确记载的约有一百多万种,遍布世界的各个角落。昆虫没有内骨骼,只有外骨骼,也就是我们常说的"壳",这层包裹它们身体的壳如同骑士的铠甲,分为不同的节段,保护着它们的身体。

昆虫的身体分为头、胸、腹三个部分,到达成虫阶段后通常会有两对翅、三对足和一对触角,是动物世界中个体数量最多的群体,其中既有受人喜爱的蝴蝶、蜜蜂、蜻蜓等,也有令人讨厌的苍蝇、蚊子、蟑螂等。

## 常见的昆虫动物相关提示词参考

| 昆虫 | insect | 菜粉蝶 | pieris brassicae | 锹虫 | stag beetle |
|---|---|---|---|---|---|
| 半翅目 | hemiptera/true bug | 菜青虫 | pieris rapae | 萤火虫 | firefly |
| 蝉 | cicada | 飞蛾 | moth | 瓢虫 | ladybird |
| 蚜虫 | aphid | 海绵蛾 | spongy moth | 花甲虫 | flower beetle |
| 飞虱 | planthopper | 玉米螟 | corn borer | 叶甲虫 | leaf beetle |
| 叶蝉 | leafhopper | 双翅目 | diptera | 象鼻虫 | weevil |
| 猎蝽 | assassin bug | 蚊子 | mosquito | 蜚蠊目 | blattodea |
| 臭虫 | bed bug | 苍蝇 | fly | 蟑螂 | cockroach |
| 盾虫 | shield bug | 马蝇 | horse fly | 白蚁 | termite |
| 树皮虱 | barklice | 蜂蝇 | bee fly | 古翅目 | palaeoptera |
| 虱子 | lice | 绿头蝇 | blow fly | 蜉蝣 | mayfly |
| 跳蚤 | flea | 蠓 | midge | 蜻蜓 | dragonfly |
| 苔藓虫 | Bryozoan | 膜翅目 | hymenoptera | 豆娘 | damselfly |
| 唾虫 | spittle beetle | 蚂蚁 | ant | 螳螂 | mantis |
| 角蝉 | treehopper | 红蚁 | formica rufa | 花螳螂 | flower mantis |
| 花蝽 | flower bug | 绒蚁 | velvet ant | 草蛉 | lacewing |
| 粉虱 | whitefly | 切叶蚁 | leafcutter ant | 蚁狮 | antlion |
| 介壳虫 | scale insect | 蜂 | bee | 蚱蜢 | grasshopper |
| 鳞翅目 | lepidoptera | 蜜蜂 | honey bee | 蝗虫 | locust |
| 蝴蝶 | butterfly | 无刺蜂 | stingless bee | 蟋蟀 | cricket |
| 美洲蛾蝴蝶 | Moth butterfly | 熊蜂 | bumblebee | 螽斯 | katydid |
| 弄蝶 | skipper butterfly | 黄蜂 | wasp | 蝼蛄 | mole cricket |
| 灰蝶 | lycaenid butterfly | 大黄蜂 | hornet | 叶蝗 | leaf grasshopper |
| 帝王蝶 | monarch butterfly | 狼蛛鹰黄蜂 | tarantula hawk | 叶蝉 | leafhopper |
| 热带蝴蝶 | tropical butterfly | 锯蝇 | sawfly | 石蛾 | caddisfly |
| 贝母蝶 | fritillary | 松叶蝇 | pine sawfly | 蛇蛉 | snakefly |
| 燕尾蝶 | swallowtail butterfly | 鞘翅目 | coleoptera | 石蝇 | stonefly |
| 鸟翼蝴蝶 | birdwing butterfly | 甲虫 | beetle | 竹节虫 | stick insect |
| 苜蓿蝴蝶 | alfalfa butterfly | 金龟子 | scarab beetle | | |

## 实例关键词要点解析

内容提示词: 蜻蜓，飞在水面上，特写。
背景和环境提示词: 小池塘背景，草地背景，树木背景，蓝天背景，模糊背景。
品控提示词: 大师杰作，高质量，高分辨率，独创性，极高细节，完美照明。
反向提示词: 不适宜内容，最差质量，低质量，普通质量，低分辨率，单色效果，画面发灰，丑陋的，模糊，署名，水印，文字。

| 文生图 | 图生图 | 后期处理 | PNG 图片信息 | 模型融合 | 训练 | 设置 | 扩展 |
|---|---|---|---|---|---|---|---|

47/75

Dragonfly, flying, on the water surface, close-up
small pond background, grassland background, tree background, blue sky background, blurry background,
(masterpiece:1.2), best quality, masterpiece, highres, original, (extremely detailed:2), perfect lighting

32/75

NSFW, (worst quality:2), (low quality:2), (normal quality:2), lowres, normal quality, ((monochrome)), ((grayscale)), (ugly:1.331), blurry, signature, watermark, text

| | |
|---|---|
| Stable Diffusion 模型: SD XL Base 1.0 | 采样方法: DPM++SDE Karras |
| 外挂 VAE 模型: SD XL VAE | 宽度 x 高度: 1024x1024 |
| 迭代步数: 30 | 提示词引导系数: 10 |

## 实例关键词效果展示

种子数:
3522241209

## 3.3.6　宠物

　　宠物是动物界中十分特殊的一个种类，它是为了满足人类心理需求、缓解人类精神压力而产生的，区别于野生动物和为了经济目的而饲养的动物，成为人类亲近自然、充实生活的一大爱好。

　　最常见的宠物包括哺乳类的猫咪、小狗等，鸟类的鹦鹉、金丝雀等，鱼类的锦鲤、热带鱼等，也有不常见的如爬行类的蜥蜴、乌龟等，昆虫类的蟋蟀、蝈蝈等，两栖类的青蛙、蟾蜍等，甚至还有以蝎子、蜈蚣、蛇等较为危险的动物作为宠物饲养。

**常见的宠物相关提示词参考**

| 宠物 | pet | 宠物猫 | pet cat | 兔子 | rabbit |
|---|---|---|---|---|---|
| 宠物狗 | pet dog | 亚洲猫 | Asian cat | 宠物猪 | pet pig |
| 吉娃娃 | chihuahua | 短毛猫 | shorthair cat | 宠物沙鼠 | pet gerbil |
| 博美 | pomeranian | 长毛猫 | longhair cat | 宠物仓鼠 | pet hamster |
| 哈巴狗 | pug | 短尾猫 | bob tail cat | 金色仓鼠 | golden hamster |
| 斗牛犬 | bulldog | 卷毛猫 | curl cat | 侏儒仓鼠 | dwarf hamster |
| 杜宾犬 | doberman pinscher | 高地猫 | highlander cat | 龙猫 | totoro |
| 哈士奇 | husky | 暹罗猫 | siamese cat | 宠物鼠 | pet rat |
| 金毛犬 | golden retriever | 雪鞋猫 | snowshoe cat | 花式鼠 | fancy rat |
| 迷你雪纳瑞 | miniature schnauzer | 斯芬克斯猫 | sphynx cat | 豚鼠 | guinea pig |
| 腊肠犬 | dachshund | 折耳猫 | scottish fold | 泰迪豚鼠 | teddy guinea pig |
| 拉布拉多 | labrador | 波斯猫 | Persian cat | 皇冠豚鼠 | crown guinea pig |
| 约克夏犬 | yorkshire terrier | 缅因猫 | Maine coon cat | 宠物龟 | pet turtle |
| 牧羊犬 | sheepdog | 缅甸猫 | Burmese cat | 安乐蜥 | anole |
| 西施犬 | shih tzu | 东奇尼猫 | dongqini cat | 豹纹守宫 | leopard gecko |
| 比格犬 | beagle | 奥西猫 | ocicat | 玉米蛇 | corn snake |
| 沙皮狗 | shar-pei | 虎斑猫 | tabby cat | 球蟒 | ball python |

（续）

| 贵宾犬 | poodle | 明斯金猫 | minskin cat | 宠物蛙 | pet frog |
|---|---|---|---|---|---|
| 梗犬 | terrier | 狼猫 | wolf cat | 树蛙 | tree frog |
| 牛头梗 | bull terrier | 彼得秃猫 | Peterbald cat | 苔藓蛙 | mossy frog |
| 惠比特犬 | whippet | 短腿猫 | short leg cat | 毒箭蛙 | poison arrow frog |
| 比熊犬 | bichon frise | 侏儒猫 | dwarf cat | 寄居蟹 | hermit crab |
| 马尔他犬 | maltese | 小步舞曲猫 | minuet cat | 观赏鱼 | aquarium fish |
| 松狮犬 | chow chow | 曼基康猫 | munchkin cat | 彩虹鱼 | rainbow fish |
| 秋田犬 | akita | 爱琴海猫 | Aegean cat | 孔雀鱼 | guppy |
| 萨摩耶 | samoyed | 荆棘猫 | bramble cat | 宠物鹦鹉 | pet parrot |
| 可卡犬 | cocker spaniel | 蒂芙尼猫 | Tiffany cat | 金刚鹦鹉 | macaw |
| 迷你猎狐梗 | miniature fox terrier | 沙尔特勒猫 | chartreux cat | 虎皮鹦鹉 | budgerigar |
| 柴犬 | shiba inu | 尼伯龙猫 | nibelung cat | | |
| 中国冠毛犬 | Chinese crested dog | 呵叻猫 | Korat cat | | |

## 实例关键词要点解析

内容提示词：狗，特写。

背景和环境提示词：室内背景，沙发背景，墙壁背景，简单背景，光照背景，模糊背景。

品控提示词：大师杰作，高质量，高分辨率，独创性，极高细节，完美照明。

反向提示词：不适宜内容，最差质量，低质量，普通质量，低分辨率，单色效果，画面发灰，丑陋的，模糊，署名，水印，文字。

| 文生图 | 图生图 | 后期处理 | PNG 图片信息 | 模型融合 | 训练 | 设置 | 扩展 |

40/75

Dog, close-up,
indoor background, sofa background, wall background, simple background, light background, blurry background
(masterpiece:1.2), best quality, masterpiece, highres, original, (extremely detailed:2), perfect lighting

32/75

NSFW, (worst quality:2), (low quality:2), (normal quality:2), lowres, normal quality, ((monochrome)), ((grayscale)), (ugly:1.331), blurry, signature, watermark, text

| | |
|---|---|
| Stable Diffusion 模型：SD XL Base 1.0 | 采样方法：DPM++SDE Karras |
| 外挂 VAE 模型：SD XL VAE | 宽度 x 高度：1024x1024 |
| 迭代步数：30 | 提示词引导系数：10 |

**实例关键词效果展示**

种子数：
1154777171

## 3.4 植物

植物被定义为能够固着生活和自养的生物，被划分为种子植物、苔藓植物、蕨类植物和藻类植物四大类，大部分植物都具有根、茎、叶、花、果实、种子。

### 3.4.1 树木

我们这里并没有按照严格的分类来加以展现，而是根据日常生活中常见的植物和相应的称呼给予参考，而树木是木本植物的总称，分为乔木、灌木和木质藤本三种，一般提到树木人们往往首先想到的就是高大挺拔的乔木。

## 常见的树木相关提示词参考

| 树木 | tree | 铁杉 | hemlock | 竹 | bamboo |
|---|---|---|---|---|---|
| 树根 | root | 杨树 | poplar | 天竹 | heavenly bamboo |
| 树干 | trunk | 橘树 | orange tree | 桤木 | alder |
| 芽 | bud | 咖啡树 | coffee tree | 桦树 | birch |
| 叶 | leaf | 罗汉松 | podocarpus macrophyllus | 榛树 | hazel tree |
| 种子 | seed | 伞松 | umbrella pine | 蓝花楹树 | jacaranda tree |
| 树皮 | bark | 红豆杉 | yew | 香肠树 | sausage tree |
| 南洋杉 | araucaria | 苏铁树 | cycado tree | 泡桐树 | paulownia tree |
| 榉树 | zelkova | 面包树 | bread tree | 喇叭树 | trumpet tree |
| 榆树 | elm tree | 银杏树 | ginkgo tree | 木棉树 | kapok tree |
| 柏松 | cypress-pine | 枫树 | maple | 榴莲树 | durian tree |
| 香雪松 | incense cedar | 椰油树 | coconut oil tree | 朴树 | hackberry |
| 杉木 | cunninghamia | 烟树 | smoke tree | 连香树 | cercidiphyllum japonicum |
| 柏树 | cupressus | 李树 | plum tree | 梧桐树 | parasol tree |
| 可可树 | cacao tree | 芒果树 | mango tree | 杨梅树 | arbutus tree |
| 杜松 | juniper | 黄连木 | pistacia | 橡胶树 | rubber tree |
| 矮红杉 | dwarf redwood | 胡椒树 | pepper tree | 合欢树 | silk tree |
| 巨型红杉 | giant redwood | 橡树 | oak | 兰花树 | orchid tree |
| 栾树 | koelreuteria | 夹竹桃 | oleander | 凤凰木 | poinciana |
| 侧柏 | arborvitae | 鸡蛋花树 | frangipani tree | 无花果 | ficus |
| 冷杉 | fir | 冬青树 | holly tree | 桉树 | eucalyptus tree |
| 银杉 | silver fir | 棕榈树 | palm tree | 橄榄树 | olive tree |
| 雪松 | cedar | 七角树 | seven cornered tree | 桂花树 | osmanthus tree |
| 柳树 | willow | 椰子树 | cocos palm tree | 石榴树 | pome granate tree |
| 落叶松 | larch | 椰枣树 | date palm tree | 枣树 | jujube tree |

## 实例关键词要点解析

内容提示词：白桦树，特写，从前面水平方向看。
背景和环境提示词：夏日背景，阳光背景，蓝天背景，白云背景，模糊背景。
品控提示词：大师杰作，高质量，高分辨率，独创性，极高细节，完美照明。
反向提示词：不适宜内容，最差质量，低质量，普通质量，低分辨率，单色效果，画面发灰，丑陋的，模糊，署名，水印，文字。

| 文生图 | 图生图 | 后期处理 | PNG 图片信息 | 模型融合 | 训练 | 设置 | 扩展 |
| --- | --- | --- | --- | --- | --- | --- | --- |

52/75

White birch tree, close-up, look at from the front horizontally,
summer background, sun background, blue sky background, white clouds background, blurry background,
(masterpiece:1.2), best quality, masterpiece, highres, original, (extremely detailed:2), perfect lighting

32/75

NSFW, (worst quality:2), (low quality:2), (normal quality:2), lowres, normal quality, ((monochrome)), ((grayscale)), (ugly:1.331),
blurry, signature, watermark, text

| | |
| --- | --- |
| Stable Diffusion 模型：SD XL Base 1.0 | 采样方法：DPM++SDE Karras |
| 外挂 VAE 模型：SD XL VAE | 宽度 x 高度：1024x1024 |
| 迭代步数：30 | 提示词引导系数：10 |

## 实例关键词效果展示

种子数：
734976706

## 3.4.2 花卉

日常生活中所提到的花卉往往来自具有观赏价值的草本植物，如菊花、兰花、荷花、凤仙花等，但其实花卉还包括梅花、桃花、月季花等乔木植物和开花灌木等，有时候也会将盆景等纳入其中。

典型的花朵主要由花冠、花萼、花托和花蕊组成，不同种类的花朵颜色也各有不同，形状更是千姿百态，人们还十分喜爱用花卉来表达情谊，如玫瑰代表情人之间的爱意，康乃馨代表对母亲的祝福等。

**常见的花卉相关提示词参考**

| | | | | | |
|---|---|---|---|---|---|
| 花 | flower | 向日葵 | sunflower | 绣球花 | hydrangea macrophylla |
| 花瓣 | petal | 月季 | Chinese rose | 映山红 | azalea |
| 花蕾 | bud | 银杏花 | ginkgo blossom | 凤仙花 | impatiens |
| 花开 | bloom | 茉莉花 | jasmine | 格桑花 | galsang flower |
| 花茎 | stem | 紫薇花 | crape myrtle | 槐花 | locust flower |
| 花冠 | corolla | 金银花 | honeysuckle | 勿忘我 | forget-me-not |
| 花芽 | flower bud | 鸡冠花 | cockscomb | 蜡梅 | wintersweet |
| 花粉 | pollen | 紫罗兰 | violet | 三色堇 | pansy |
| 花梗 | pedicel | 紫荆花 | bauhinia blossom | 铃兰 | lily of the valley |
| 雌蕊 | pistil | 樱花 | cherry blossom | 蓝目菊 | blue-eyed daisy |
| 花叶 | flower leaf | 梅花 | plum blossom | 长寿花 | jonquil |
| 花束 | bouquet | 喇叭花 | bellflower | 蟹爪兰 | crab cactus |
| 花瓶 | vase | 雏菊 | daisy | 万寿菊 | marigold |
| 花盆 | flowerpot | 向日葵 | sunflower | 仙客来 | cyclamen |

（续）

| | | | | | |
|---|---|---|---|---|---|
| 花篮 | flower basket | 洋蔷薇 | wild rose | 番红花 | crocus sativus |
| 花坛 | flower bed | 草莓花 | strawberry blossom | 蝴蝶花 | pansy |
| 花田 | flower field | 樱草花 | crocus | 睡莲 | water lily |
| 玫瑰 | rose | 栀子花 | gardenia | 千日红 | globe amaranth |
| 郁金香 | tulip | 罂粟 | poppy | 美人蕉 | canna |
| 菊花 | chrysanthemum | 鸢尾花 | iris | 蓝花楹 | jacaranda |
| 芍药 | peony | 兰花 | orchid | 夹竹桃 | oleander |
| 莲花 | lotus | 海棠 | crabapple | 凤尾兰 | yucca gloriosa |
| 蔷薇 | wild rose | 迎春花 | winter jasmine | 流苏花 | tassel flower |
| 百合 | lily | 木棉花 | kapok | | |
| 雏菊 | dasiy | 牵牛花 | morning glory | 矢车菊 | centaurea |
| 桃花 | peach blossom | 木兰 | magnolia | | |
| 樱花 | cherry blossom | 桂花 | fragrans | 牛眼菊 | oxeye daisy |
| 牡丹 | peony | 紫苑 | aster | 蟾蜍百合 | toad lily |

## 实例关键词要点解析

内容提示词：梅花，特写。

背景和环境提示词：梅花树背景，冬日背景，白雪背景，蓝天背景，模糊背景。

品控提示词：大师杰作，高质量，高分辨率，独创性，极高细节，完美照明。

反向提示词：不适宜内容，最差质量，低质量，普通质量，低分辨率，单色效果，画面发灰，丑陋的，模糊，署名，水印，文字。

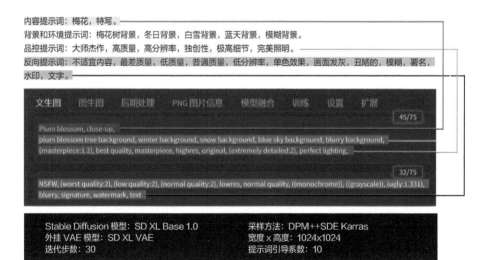

117

**实例关键词效果展示**

种子数:
2523366393

### 3.4.3  藤蔓

藤蔓也就是专业术语中所说的藤本植物，它们的茎柔软且细长，无法直立支撑，只能攀附于其他物体之上向上生长，否则只能贴地生长或垂吊生长，由于这一特性，藤蔓植物也被称为攀援植物。

藤蔓植物按照茎的结构被分为木质藤本和草质藤本，前者最常见的就是葡萄、爬山虎、葛藤等，后者最常见的如牵牛、铁线莲、蝴蝶藤等，不论是哪种，都以其独特的生长方式成为园林中实现垂直绿化的好帮手和城市中不可多得的风景线。

## 常见的藤蔓植物相关提示词参考

| 藤蔓 | vine | 蝶豆花 | butterfly pea | 牵牛花藤 | morning glory vine |
|---|---|---|---|---|---|
| 耐寒猕猴桃 | hardy kiwi | 袋鼠藤 | kangaroo vine | 海金沙藤 | lygodium vine |
| 银藤 | silver vine | 水藤 | water vine | 攀援大麻藤 | climbing hemp vine |
| 阿勒格尼藤 | Allegheny vine | 西瓜藤 | watermelon vine | 猪笼草 | nepenthes |
| 口红藤 | lipstick vine | 黄瓜藤 | cucumber vine | 百香果藤 | passion fruit vine |
| 巧克力藤 | chocolate vine | 德国常春藤 | German ivy | 丝藤 | silk vine |
| 三叶木豆 | three leaf akebia | 猫爪喇叭藤 | cat's claw trumpet | 葛藤 | kudzu vine |
| 金喇叭 | golden trumpet | 俄罗斯藤 | Russian vine | 攀缘玫瑰藤 | climbing rose vine |
| 野生葡萄藤 | wild grape vine | 攀缘无花果 | climbing fig | 佛手瓜藤 | chayote vine |
| 瓷浆果 | porcelain berry | 紫丁香藤 | lilac vine | 披风常春藤 | cape ivy vine |
| 马德拉藤 | Madeira-vine | 常春藤 | ivy vine | 马铃薯藤 | potato vine |
| 珊瑚藤 | coral vine | 蛇藤 | snake vine | 玉藤 | jade vine |
| 太阳玫瑰 | sun rose | 蜡藤 | wax vine | 箭头藤 | arrowhead vine |
| 蛾藤 | moth vine | 啤酒花藤 | hop vine | 毒藤 | poison ivy |
| 新娘爬山虎 | bridal creeper | 绣球花藤 | hydrangea vine | 星茉莉藤 | star jasmine vine |
| 灵魂藤 | soul vine | 海案牵牛花 | coast morning glory | 紫藤 | wisteria |
| 原生紫藤 | native wisteria | 粉红茉莉藤 | pink jasmine vine | 银元藤 | silver dollar vine |
| 喇叭藤 | trumpet vine | 珊瑚藤 | coral vine | 粉红喇叭藤 | pink trumpet vine |
| 气球藤 | balloon vine | 葫芦藤 | calabash vine | 千金藤 | stephania japonica |
| 南蛇藤 | Celastrus | 豌豆藤 | pea vine | 光滑绣球 | smooth hydrangea |
| 念珠藤 | rosary vine | 金银花藤 | honeysuckle vine | 灰绣球 | gray hydrangea |
| 铁线莲 | Clematis vitalba | 丝瓜藤 | luffa vine | 山绣球 | mountain hydrangea |
| 血心藤 | bleeding heart vine | 苦瓜藤 | bitter gourd vine | | |

## 实例关键词要点解析

内容提示词：常春藤，特写。

背景和环境提示词：墙壁背景，地面背景，简单背景，模糊背景。

品控提示词：大师杰作，高质量，高分辨率，独创性，极高细节，完美照明。

反向提示词：不适宜内容，最差质量，低质量，普通质量，低分辨率，单色效果，画面发灰，丑陋的，模糊，署名，水印，文字。

| 文生图 | 图生图 | 后期处理 | PNG 图片信息 | 模型融合 | 训练 | 设置 | 扩展 |
|---|---|---|---|---|---|---|---|

38/75

Ivy vine close-up,
wall background, ground background, simple background, blurry background,
(masterpiece:1.2), best quality, masterpiece, highres, original, (extremely detailed:2), perfect lighting

32/75

NSFW, (worst quality:2), (low quality:2), (normal quality:2), lowres, normal quality, ((monochrome)), ((grayscale)), (ugly:1.331),
blurry, signature, watermark, text

| | |
|---|---|
| Stable Diffusion 模型：SD XL Base 1.0 | 采样方法：DPM++SDE Karras |
| 外挂 VAE 模型：SD XL VAE | 宽度 x 高度：1024x1024 |
| 迭代步数：30 | 提示词引导系数：10 |

## 实例关键词效果展示

种子数：
2334102864

### 3.4.4　海藻

海藻也就是藻类植物，其结构简单，没有如同树木、灌木等植物的根、茎、叶之分，而是呈单细胞、群体或叶状体，不同藻类之间大小结构差异十分悬殊，最小的只有肉眼都无法看到的 1 微米，而最大则可以长达 100 米以上。

藻类植物因其分布区域而分为淡水藻类和海洋藻类，几乎都生活于水中，但也会因环境限制而生活在潮湿的土壤、岩石或树干中，甚至能在火山爆发或洪水过后的区域存活，生命力相当顽强。

**常见的海藻植物相关提示词参考**

| | | | | | |
|---|---|---|---|---|---|
| 藻类 | algae | 海带 | kombu | 金海带 | golden kelp |
| 绿藻门 | chlorophyta | 海葡萄 | sea grapes | 皮革海带 | leather kelp |
| 褐藻门 | phaeophyta | 海生菜 | sea lettuce | 墨角藻 | fucus vesiculosus |
| 红藻门 | rhodophyta | 石莼 | ulva | 小球藻 | chlorella |
| 硅藻门 | bacillariophyta | 马尾藻 | sargassum | 阳伞海藻 | parasol seaweed |
| 黄藻门 | xanthophyta | 龙须菜 | gracilaria | | |
| 金藻门 | chrysophyta | 凹顶藻 | laurencia | 海棕榈 | sea palm |
| 甲藻门 | pyrrophyta | 麒麟菜 | eucheuma | 绿紫菜 | green laver |
| 裸藻门 | euglenophyta | 石花菜 | gelidium | 海白菜 | sea cabbage |
| 红藻 | red algae | 凝花菜 | gelidiella | 多管藻 | polysiphonia |
| 绿藻 | green algae | 虎纹凝花菜 | gelidiella acerosa | 大叶藻 | zostera |
| 褐藻 | brown algae | 裙带菜 | Wakame | 鱼腥藻 | fishy algae |
| 海藻 | marine algae | 海带 | kelp | 颤藻 | oscillatoria |
| 淡水藻 | freshwater algae | 甜海带 | sweet kelp | 杜氏藻 | dunaliella |
| 爱尔兰苔藓 | Irish moss | 巨型海带 | giant kelp | 扁藻 | flat algae |
| 巨藻 | Giant kelp | 公牛海带 | bull kelp | 硅藻 | diatom |
| 棕榈藻 | palmaria palmata | 桨草 | oarweed | 浮萍 | duckweed |
| 紫菜 | nori | 扇形海带 | split-fan kelp | | |
| 爱森藻 | eisenia bicyclis | 海竹 | sea bamboo | | |

## 实例关键词要点解析

内容提示词：海藻，特写。

背景和环境提示词：模糊背景。

品控提示词：大师杰作，高质量，高分辨率，独创性，极高细节，完美照明。

反向提示词：不适宜内容，最差质量，低质量，普通质量，低分辨率，单色效果，画面发灰，丑陋的，模糊，署名，水印，文字。

| 文生图 | 图生图 | 后期处理 | PNG 图片信息 | 模型融合 | 训练 | 设置 | 扩展 |

30/75

marine algae, close-up,

blurry background,

(masterpiece:1.2), best quality, masterpiece, highres, original, (extremely detailed:2), perfect lighting

32/75

NSFW, (worst quality:2), (low quality:2), (normal quality:2), lowres, normal quality, ((monochrome)), ((grayscale)), (ugly:1.331), blurry, signature, watermark, text

Stable Diffusion 模型：SD XL Base 1.0　　　采样方法：DPM++SDE Karras
外挂 VAE 模型：SD XL VAE　　　　　　　　宽度 x 高度：1024x1024
迭代步数：30　　　　　　　　　　　　　　提示词引导系数：10

## 实例关键词效果展示

种子数：
1765734727

## 3.4.5　青草

青草的主要经济价值就是为食草动物提供食物，通常指禾本科、莎草科和灯芯草科等单子叶植物，但我们这里是以其指代草地的概念，那么就成为一个复合的植物群落，既包括单子叶和双子叶的草本植物、灌木植物，也包括开花植物和喜光植物。

世界上的草地面积约占了陆地总面积的二分之一，除了用于发展畜牧业，还能美化环境、装点生活。我国的草地主要由天然草地、永久草地、次生草地、林间草地和人工草地组成。

**常见的青草相关提示词参考**

| 草 | grass | 城市草地 | Urban meadow | 鹿草 | deer grass |
|---|---|---|---|---|---|
| 草地 | grassland | 海滩草地 | Beach meadow | 豪猪草 | porcupine grass |
| 草坪 | lawn | 山地草地 | montane meadow | 斑马草 | zebra grass |
| 牧场 | pasture | 草谷 | grass valley | 田间莎草 | field sedge |
| 稀树草原 | savanna | 草皮 | sod | 红钩莎草 | red hook sedge |
| 大草原 | prairie | 运动草坪 | sports turf | 虎尾草 | feather fingergrass |
| 自然草原 | steppe | 草地运动场 | grass playing field | 酸草 | sourgrass |
| 高草草原 | Tall Grass Prairie | 草地网球场 | grass court | 扇草 | fan grass |
| 混合草草原 | Mixed Grass Prairie | 结缕草 | Zoysia | 黄背草 | Themeda triandra |
| 短草草原 | Short Grass Prairie | 黑麦草 | Lolium | 棕叶芦 | thysanolaenia latifolia |
| 一年生草原 | Annual Grasslands | 百足草 | centipedegrass | 倭竹 | Shibataea kumasaca |
| 滨海草原 | coastal prairie | 水牛草 | Buffalo grass | 窄颖赖草 | Leymus angustus |
| 草地 | meadow | 狗牙根草 | Cynodon | 孔颖草 | Bothriochloa pertusa |
| 干草垛 | haystack | 百喜草 | Paspalum notatum | 刺金须茅 | Chrysopogon gryllus |
| 农业草地 | Agricultural meadow | 芦苇草 | reed grass | 芨芨草 | Achnatherum |
| 过渡性草地 | Transitional meadow | 杂草 | weed | 狐尾草 | foxtail grass |
| 永久性草地 | Perpetual meadow | 羽毛草 | feather grass | 盐草 | salt grass |
| 高山草地 | Alpine meadow | 黑燕麦草 | black oat grass | 裂稃茅 | Schizachne |
| 沿海草地 | Coastal meadow | 潘帕斯草 | pampas grass | 风滚草 | Tumbleweed |
| 沙漠草地 | Desert meadow | 狗尾草 | hooked bristlegrass | | |
| 湿草地 | Wet meadow | 云草 | cloud grass | | |

## 实例关键词要点解析

内容提示词: 野草, 河边, 晨露, 特写。
背景和环境提示词: 河流背景, 草地背景, 模糊背景。
品控提示词: 大师杰作, 高质量, 高分辨率, 独创性, 极高细节, 完美照明。
反向提示词: 不适宜内容, 最差质量, 低质量, 普通质量, 低分辨率, 单色效果, 画面发灰, 丑陋的, 模糊, 署名, 水印, 文字。

| 文生图 | 图生图 | 后期处理 | PNG 图片信息 | 模型融合 | 训练 | 设置 | 扩展 |

40/75

Wild grass, riverside, morning dewdrops, close-up,
river background, grassland background, blurry background,
(masterpiece:1.2), best quality, masterpiece, highres, original, (extremely detailed:2), perfect lighting

32/75

NSFW, (worst quality:2), (low quality:2), (normal quality:2), lowres, normal quality, ((monochrome)), ((grayscale)), (ugly:1.331), blurry, signature, watermark, text

| | |
|---|---|
| Stable Diffusion 模型: SD XL Base 1.0 | 采样方法: DPM++SDE Karras |
| 外挂 VAE 模型: SD XL VAE | 宽度 x 高度: 1024x1024 |
| 迭代步数: 30 | 提示词引导系数: 10 |

## 实例关键词效果展示

种子数:
868311568

# 第 4 章

## 不同画面风格的呈现

　　本章展现了在 AI 绘画中的不同画面风格，包括写实、二次元、二点五次元、水墨、摄影、赛博朋克、宫崎骏和中式风格，且每个风格又展现了人物和场景两个类别，以深入探讨不同画面风格中 AI 的艺术表现。其中，写实风格和二次元风格应该是日常生活和工作中最常见、使用频率也最高的风格，水墨风格和中式风格则更多是针对国内用户，其他四种风格则各自针对不同专业和领域的特定人群。

# 4.1 写实风格

写实风格就是尽可能地与现实社会接近，但由于现实社会是人们最为熟悉的世界，这就导致 AI 所描绘的写实画面如果有任何的问题都会让人感觉很别扭，哪怕是微小的错误，都会产生视觉和心理上的偏差。

## 4.1.1 人物的表现

在写实风格中，人物的表现可以说是最为困难的，因为 AI 习惯于描绘更完美、更精致的画面，而现实中的人物往往没那么无暇，再加上对于身体结构、肢体形态、手指细节的真实表现还存在错误的概率，导致刻画写实风格的人物难上加难。

**常见的写实人物相关提示词参考**

| 写实 | realistic | 胯部 | crotch | 头发飘动 | hair fluttering |
| --- | --- | --- | --- | --- | --- |
| 人类 | human | 膝盖 | knee | 眼神闪亮 | shiny eyes |
| 身体 | body | 骨感 | skinny | 眼神黯淡 | empty eyes |
| 头部 | head | 弯曲 | curvy | 眼神邪恶 | evil eyes |
| 头发 | hair | 丰满 | plump | 一只眼闭着 | one eye closed |
| 耳朵 | ear | 怀孕 | pregnant | 双目半闭 | half closed eyes |
| 眼睛 | eye | 肌肉 | muscular | 高鼻梁 | high nose bridge |
| 鼻子 | nose | 光泽皮肤 | shiny skin | 矮鼻梁 | low nose bridge |
| 嘴巴 | mouth | 苍白皮肤 | pale skin | 嘴巴紧闭 | closed mouth |
| 躯干 | torso | 棕色皮肤 | brown skin | 嘴巴微张 | mouth slightly open |
| 手臂 | arm | 黝黑皮肤 | black skin | 嘴巴张开 | open mouth |
| 手 | hand | 长发 | long hair | 噘嘴 | pout |
| 腿 | leg | 短发 | short hair | 咬牙切齿 | clenched teeth |

（续）

| 脚 | foot | 直发 | straight hair | 雀斑 | freckle |
|---|---|---|---|---|---|
| 脖子 | neck | 卷发 | curly hair | 痣 | mole |
| 胸部 | chest | 额头 | forehead | 伤疤 | scar |
| 胸肌 | pectoral | 刘海 | bangs | 胡子 | mustache |
| 平胸 | flat chest | 马尾辫 | ponytail | 文身 | tattoo |
| 小胸部 | small chest | 侧马尾 | side ponytail | 额头标记 | forehead mark |
| 中等胸部 | medium breast | 双马尾 | double ponytail braid | 面部彩绘 | face paint |
| 裸肩 | bare shoulder | 辫子 | braid | 儿童 | children |
| 腋窝 | armpit | 发髻 | hair bun | 青少年 | teenage |
| 腰部 | waist | 辫式发髻 | braided bun | 成人 | adult |
| 细腰 | slender waist | 圆发髻 | round hair bun | 中年 | middle-aged person |
| 肚子 | belly | 双发髻 | double bun | 老年 | old people |
| 腹部 | midriff | 秃头 | bald | | |
| 臀部 | hip | 头发蓬松 | fluffy hair | | |

## 实例关键词要点解析

内容提示词：一个女孩的肖像，成年女性，雀斑，灰色眼睛，有层次的栗色头发，发丝在风中飞扬，自然的皮肤纹理。
背景和环境提示词：户外背景，自然背景，细节丰富的背景。
品控提示词：现实的，照片级真实效果，最佳质量，丰富细节，超多细节，超级逼真，完美照明。
反向提示词：肥胖，绘画效果，素描效果，最差质量，低质量，普通质量，低分辨率，单色，灰色，错误的解剖结构，文字，裁剪，署名，水印，用户名，模糊，不好的面部，错误的比例。

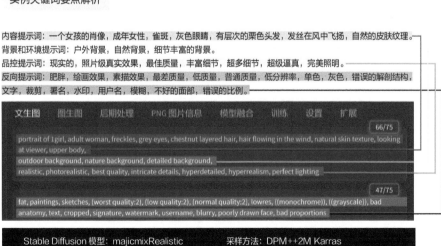

**实例关键词效果展示**

种子数:
3422636773

## 4.1.2 场景的表现

　　场景的内容涵盖生活的方方面面，既可以包括如室内一角这样的小场景，也可以包括如建筑物、街道这样的大场景，还可以包括如繁华都市、辽阔草原这样十分宏伟的场景，甚至连太阳系等可能我们无法亲眼看到的都包括在内。

　　写实风格的场景难点同样在于如何"骗过"观看者的眼睛，透视感、景深感是否符合实际，物品的位置、元素的安排是否在正确的位置都是关键，另外，不同内容的质感表现也很重要。

## 常见的写实场景相关提示词参考

| 场景 | scene | 公园 | park | 磨坊 | mill |
|---|---|---|---|---|---|
| 风景 | landscape | 海景 | seascape | 泥石流 | mudflow |
| 沙漠 | desert | 运河 | canal | 国家公园 | national park |
| 平原 | plain | 水坝 | dam | 栅栏 | palisade |
| 森林 | forest | 建筑物 | building | 沼泽 | bog |
| 泰加林 | taiga | 摩天大楼 | skyscraper | 采石场 | quarry |
| 苔原 | tundra | 广场 | plaza | 郊区 | suburb |
| 湿地 | wetland | 观景台 | observation deck | 高山 | alpine |
| 山地 | mountain | 洼地 | swale | 堡礁 | barrier reef |
| 悬崖 | cliff | 喷泉 | fountain | 基岩 | batholith |
| 海岸 | coast | 乡村 | country | 林荫大道 | boulevard |
| 滨海带 | littoral zone | 农场 | farm | 通风 | ventifact |
| 冰川 | glacier | 墓地 | cemetery | 珊瑚礁 | coral reef |
| 极地 | polar region | 城镇 | town | 陨石坑 | meteorite crater |
| 灌木丛 | shrubland | 桥梁 | bridge | 金字塔 | pyramid |
| 雨林 | rainforest | 水闸 | sluice | 太阳系 | solar system |
| 林地 | woodland | 收费站 | toll station | 太阳 | sun |
| 丛林 | jungle | 天际线 | skyline | 月亮 | moon |
| 荒原 | moors | 屋顶 | roof | 星星 | star |
| 草原 | steppe | 火山 | volcano | 地球 | earth |
| 山谷 | valley | 盆地 | basin | 水星 | Mercury |
| 丘陵 | hill | 沙滩 | beach | 金星 | Venus |
| 河流 | river | 防波堤 | breakwater | 火星 | Mars |
| 湖泊 | lake | 洞穴 | cave | 木星 | Jupiter |
| 池塘 | pond | 市中心 | downtown | 土星 | Saturn |
| 海洋 | ocean | 绿化带 | green belt | 天王星 | Uranus |
| 荒野 | wilderness | 矮树篱 | hedgerow | 海王星 | Neptune |
| 城市景观 | cityscape | 高速公路 | highway | 银河 | Milky Way |
| 园林景观 | landscape garden | 浮冰 | ice floe | | |
| 花园 | garden | 岛屿 | island | | |

## 实例关键词要点解析

内容提示词: 绿树, 绿草, 公园椅, 有雾, 背光, 阳光穿透雾气。
背景和环境提示词: 模糊背景, 蓝天背景。
品控提示词: 现实的, 大师杰作, 超高细节, 高细节 CG 插图, 高质量, 高质量纹理, 丰富细节, 丰富纹理, 高质量阴影, 景深效果, 光源对比效果, 透视效果。
反向提示词: 绘画效果, 素描效果, 最差质量, 低质量, 普通质量, 低分辨率, 单色, 灰色, 模糊, 署名, 水印, 文字。

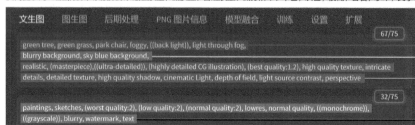

文生图　图生图　后期处理　PNG 图片信息　模型融合　训练　设置　扩展

67/75

green tree, green grass, park chair, foggy, ((back light)), light through fog, blurry background, sky blue background,

realistic, (masterpiece),((ultra-detailed)), (highly detailed CG illustration), (best quality:1.2), high quality texture, intricate details, detailed texture, high quality shadow, cinematic Light, depth of field, light source contrast, perspective

32/75

paintings, sketches, (worst quality:2), (low quality:2), (normal quality:2), lowres, normal quality, ((monochrome)), ((grayscale)), blurry, watermark, text

| Stable Diffusion 模型: majicmixRealistic | 采样方法: DPM++2M SDE Karras |
| 外挂 VAE 模型: 无 | 宽度 x 高度: 1024x1024 |
| 迭代步数: 40 | 提示词引导系数: 9.5 |

## 实例关键词效果展示

种子数:
2987971657

## 4.2 二次元动漫风格

二次元的原意是指"二维世界"，即只包含长度和宽度的二维平面空间，是区别于三维立体空间存在的世界，之后成为在纸质或屏幕上以平面形式呈现的动画、游戏等作品的代名词。

### 4.2.1 人物的表现

二次元人物就是指平面视觉作品中出现的角色形象，它们都是以图像形式存在，也被称作"纸片人"。二次元的概念最早起源于 20 世纪 70 年代的日本，之后逐渐发展壮大，所以 AI 在描绘二次元人物时，往往会参考日本漫画、动画、游戏中的角色。

**常见的二次元人物相关提示词参考**

| | | | | | |
|---|---|---|---|---|---|
| 鲁路修 | Lelouch Lamperouge | 牧濑红莉栖 | Makise Kurisu | 友利奈绪 | Tomori Nao |
| 路飞 | Monkey D. Luffy | 赤瞳 | Akame | 空条承太郎 | Kujo Jotaro |
| 怪盗基德 | Kaito Kuroba | 早坂爱 | Hayasaka Ai | 灶门炭治郎 | Kamado Tanjirou |
| 阿尔托莉雅 | Altria Pendragon | 神乐 | Kagura | 薇薇公主 | Nefertari D. Vivi |
| 哆啦 A 梦 | Doraemon | 御坂美琴 | Misaka Mikoto | 莉亚丝 | Rias |
| 樱岛麻衣 | Sakurajima Mai | 坂田银时 | Sakata Gintoki | 晓美焰 | Akemi Homura |
| 利威尔·阿克曼 | Rivaille Ackerman | 桐谷和人 | Kirigaya Kazuto | 中野五月 | Nakano Itsuki |
| 漩涡鸣人 | Uzumaki Naruto | 黄濑凉太 | Kise Ryouta | 椎名真白 | Shiina Mashiro |
| 黑崎一护 | Kurosaki Ichigo | 娜美 | Nami | 藤原千花 | Fujiwara Chika |
| 我爱罗 | Gaara | 艾斯德斯 | Esdese | 娜娜莉·兰佩洛奇 | Nunnally Vi Britannia |
| 工藤新一 | Jimmy Kudo | 凉宫春日 | Suzumiya Haruhi | 明日香 | Asuka Langley Soryu |

（续）

| 蕾姆 | Rem | 长门有希 | Nagato Yuki | 桔梗 | Kikyo |
|---|---|---|---|---|---|
| 四宫辉夜 | Shinomiya Kaguya | 远坂凛 | Tohsaka Rin | 桂木桂马 | Keima Katsuragi |
| 罗罗诺亚·索隆 | Roronoa Zoro | 亚尔丽塔 | Alvida | 古见硝子 | Komi Shouko |
| 灰原哀 | Anita Hailey | 日向雏田 | Hyuga Hinata | 天道茜 | Tendou Akane |
| 波雅·汉库克 | Boa Hancock | 五条悟 | Satoru Gojo | 希美尔 | Himmel |
| 皮卡丘 | Pikachu | 琦玉 | Saitama | 六道轮回 | Rinne Rokudo |
| 赫萝 | Holo | 旗木卡卡西 | Hatake Kakashi | 星野爱 | Hoshino Ai |
| 春野樱 | Haruno Sakura | 逢坂大河 | Aisaka Taiga | 阿尼亚·福杰 | Anya Forger |
| 结城明日奈 | Yuuki Asuna | 越前龙马 | Ryoma Echizen | 泉镜花 | Izumi Kyouka |
| 夜神月 | Yagami Light | 爱蜜莉雅 | Emilia | 蝴蝶忍 | Kochou Shinobu |
| 中野三玖 | Nakano Miku | 毛利兰 | Rachel Moore | 博丽灵梦 | Hakurei Reimu |
| 薇尔莉特·伊芙加登 | Violet Evergarden | 由比滨结衣 | Yuigahama Yui | 雾雨魔理沙 | Kirisame Marisa |

## 实例关键词要点解析

内容提示词: 一个女孩, 日式浴衣, 夜晚, 夏季, 盂兰盆节, 约会, 欢乐。
背景和环境提示词: 节日氛围背景, 夜空背景。
品控提示词: 大师杰作, 高质量, 复杂细节, 高分辨率, 完美照明。
反向提示词: 低质量, 最差质量, 多余肢体, 缺失肢体, 多余手指, 缺少手指, 没有手指, 融合手指, 变形的手和手指, 文字, 署名, 水印, 用户名, 模糊。

| 文生图 | 图生图 | 后期处理 | PNG 图片信息 | 模型融合 | 训练 | 设置 | 扩展 |
|---|---|---|---|---|---|---|---|

39/75

1girl, yukata, night, summer, obon festival, date, happy, festival atmosphere background, night sky background, masterpiece, best quality, intricate details, highres, perfect lighting.

43/75

(low quality, worst quality:1.4), extra limbs, missing limb, extra digit, fewer digit, missing digit, missing finger, fused fingers, mutated hands and fingers, text, signature, watermark, username, blurry

Stable Diffusion 模型: darkSushiMix
外挂 VAE 模型: 无
迭代步数: 30
采样方法: DPM++2M Karras
宽度 × 高度: 1024×1024
提示词引导系数: 7

**实例关键词效果展示**

种子数:
2798459917

## 4.2.2　场景的表现

　　虽然二次元作为一种独立的文化载体，但本质上仍然是作者创造出来的幻想世界，投射了人类对于现实世界的各种情感，所以其场景的内容也往往取自于现实世界，经过或美化、或丑化、或简化的改造后呈现给观众。

　　随着二次元文化的发展，其题材也越来越广泛，除了与日常生活类似的内容之外，还会有魔法、幻想、未来等完全虚构的内容，所涉及的场景也越来越丰富，AI在创作时也会需要更加具体的提示词来加以限制和规范。

## 常见的二次元场景相关提示词参考

| 天空 | sky | 天台 | rooftop | 节日庆典 | festival celebration |
|------|-----|------|---------|---------|---------------------|
| 乌云 | dark cloud | 铁栏杆 | iron railing | 灯笼 | lantern |
| 白云 | white cloud | 蜿蜒小溪 | winding stream | 风铃 | wind chime |
| 彩霞 | rosy cloud | 茂盛树木 | lush tree | 烟花 | firework |
| 日出 | sunrise | 废旧建筑 | old building | 杂货店 | grocery store |
| 日落 | sunset | 荒芜工厂 | abandoned factory | 昏暗书店 | dim bookstore |
| 教室 | classroom | 狭窄小路 | narrow path | 学校操场 | school playground |
| 课桌 | desk | 高耸铁塔 | towering iron tower | 跑道 | runway |
| 椅子 | chair | 树屋 | treehouse | 站立 | stand |
| 黑板 | blackboard | 石头城堡 | stone castle | 天然温泉 | natural hot spring |
| 走廊 | corridor | 木质阁楼 | wooden attic | 室内温泉 | indoor hot spring |
| 铁道 | railway | 实验室 | laboratory | 幽灵古堡 | ghost castle |
| 道闸 | barrier gate | 化学仪器 | chemical instrument | 杂乱厨房 | messy kitchen |
| 火车 | train | 水面倒影 | water reflection | 人行天桥 | pedestrian overpass |
| 道路 | road | 圆形波纹 | circular ripple | 向日葵花田 | sunflower field |
| 开花 | blossom | 摩天轮 | ferries wheel | 学生宿舍 | student dormitory |
| 杂草 | weed | 古代建筑 | ancient architecture | 环路 | ring road |
| 木屋 | cabin | 游乐场 | amusement park | 街角花店 | corner flower shop |
| 石板路 | slate road | 滑梯 | slide | 魔法世界 | magic world |
| 枯树 | withered tree | 秋千 | swing | 地铁车厢 | subway carriage |
| 科幻城市 | science fiction city | 健身器材 | fitness equipment | 静谧竹林 | quiet bamboo forest |
| 天空之城 | sky city | 茅草屋 | thatched cottage | 地下洞穴 | underground cave |
| 漂浮的桥 | float bridge | 花坛 | flower bed | 港口货轮 | port cargo ship |
| 雨后街道 | rainy street | 篱笆 | fence | 雪后山林 | snow capped forest |
| 黑夜路灯 | night streetlight | 寺庙 | temple | 雨后彩虹 | rainbow after rain |
| 便利店 | convenience store | 榻榻米 | tatami | 俯瞰都市 | overlooking city |
| 搁置 | shelve | 神龛 | shrine | 神社废墟 | shrine ruin |
| 收银员 | cashier | 门厅 | foyer | 宇宙飞船 | spacecraft |
| 楼梯 | stair | 车站 | station | | |

实例关键词要点解析

内容提示词：秋日主题道路，自然道路，笔直道路，秋日，美丽的光线，秋日色彩，秋日元素。
背景和环境提示词：蓝天背景，白云背景。
品控提示词：大师杰作，高质量，丰富细节，高分辨率，独创性，极高细节的壁纸效果，完美照明。
反向提示词：人物，不适宜内容，最差质量，低质量，普通质量，低分辨率，单色，灰色，丑陋，模糊，文字，署名，水印，用户名。

| 文生图　　图生图　　后期处理　　PNG图片信息　　模型融合　　训练　　设置　　扩展 |
|---|
| 50/75 |
| autumn themed road, nature road, straight road, autumn day, beautiful lighting, autumn colors, autumn elements, blue sky background, white cloud background, (((masterpiece))),(((best quality))),((ultra-detailed)), highres, original, extremely detailed wallpaper, perfect lighting |
| 38/75 |
| people, person, NSFW, (worst quality:2), (low quality:2), (normal quality:2), lowres, normal quality, ((monochrome)), ((grayscale)), (ugly:1.331), blurry, text, signature, watermark, username |

| Stable Diffusion 模型: darkSushiMix | 采样方法: DPM++2M Karras |
|---|---|
| 外挂 VAE 模型: 无 | 宽度 x 高度: 1024x1024 |
| 迭代步数: 30 | 提示词引导系数: 7 |

实例关键词效果展示

种子数:
535339834

# 4.3 二点五次元风格

二点五次元是介于二次元和三次元之间的事物, 表现形式主要有两种, 第一是以三次元表现二次元, 如动画角色的模型手办、模仿角色装扮的 Cosplay 等; 第二是以二次元表现三次元, 如游戏中使用 3D 建模的人物等。

## 4.3.1 人物的表现

二点五次元的这两种表现形式分别代表了 ACGN 文化和计算机图像两个不同的方向, 在 AI 绘画中通常是以前者为主要描绘对象, 其中又以 Cosplay 的表现最为普遍, 精致的妆容、无暇的面孔使其成为绘制各类 Coser 的不二选择。

**常见的二点五次元人物相关提示词参考**

| 表达 | expression | 动作 | action | 战斗姿势 | fighting stance |
|------|-----------|------|--------|---------|-----------------|
| 微笑 | smile | 坐 | sit | 吹气 | blow |
| 大笑 | laugh | 站 | stand | 吃 | eat |
| 露齿笑 | grin | 背面 | on back | 喝 | drink |
| 得意地笑 | smirk | 侧面 | side | 拥抱 | cuddle |
| 邪恶的笑 | evil smile | 趴 | on stomach | 拖曳 | drag |
| 伤心 | sad | 姿势 | pose | 擦眼泪 | wiping tears |
| 流泪 | tear | 跪 | kneeling | 敬礼 | salute |
| 大哭 | crying | 蹲 | squat | 烹饪 | cooking |
| 泪滴 | teardrop | 身体前倾 | leaning forward | 钓鱼 | go fishing |
| 沮丧 | frustrated | 靠向旁边 | leaning to the side | 目标 | aim |
| 忧郁 | gloom | 手插口袋 | hand in pocket | 射击 | shoot |
| 蔑视 | contempt | 双手叉腰 | hands on hips | 漂浮 | float |
| 生气 | angry | 双手抬起 | hands up | 跑步 | run |

（续）

| 严肃 | serious | 挥手 | waving | 走路 | walk |
|------|---------|------|--------|------|------|
| 害羞 | shy | 身体向后靠 | leaning back | 阅读 | read |
| 焦虑 | nervous | 双手托头 | hold your head with both hands | 加油助威 | cheer |
| 惊慌 | flustered | 二郎腿 | crossed legs | 驾驶 | drive |
| 害怕 | scared | 足内翻的 | pigeon toed | 蹦跳 | jump |
| 困乏 | sleepy | 双腿并拢 | legs together | 单脚跳 | hop |
| 傲娇 | tsundere | 追逐 | chase | 书写 | write |
| 嫉妒 | envy | 攀爬 | climb | 弹吉他 | play guitar |
| 嫌弃 | cold-shoulder | 快速旋转 | spin | 捧着花 | hold flower |
| 坚定 | determined | 飞踢 | flying kick | 擦干头发 | wipe your hair dry |
| 疑惑 | confused | 跳舞 | dance | 公主抱 | princess hug |

## 实例关键词要点解析

内容提示词：3D 模型，一个女孩，超长的金色卷发，红色夹克，头盔，短袖，棕色手套，红色裤子，《深渊》角色丽萨。
背景和环境提示词：中世纪街道和建筑物背景。
品控提示词：大师杰作，高质量，高分辨率，丰富细节，完美照明。
反向提示词：不适宜内容，低分辨率，错误人体结构，错误人物，错误手指，多余手指，缺少手指，最差质量，单色，灰色，模糊，文字，用户名，水印，署名，伪影。

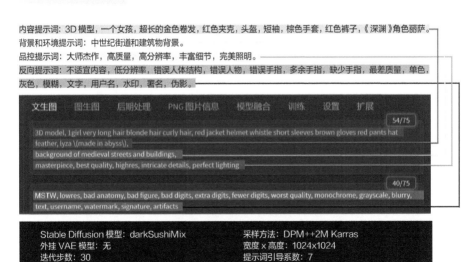

**实例关键词效果展示**

种子数：
1455640056

### 4.3.2 场景的表现

　　在 ACGN 文化中，二点五次元的世界对于场景的表现远远不如塑造人物的占比多，即便制作了相应的场景，也几乎都是为了配合人物形象而只有部分关键的内容，所以二点五次元的场景通常出现在游戏或 3D 动画中。

　　对于不同类型的二点五次元场景，可能给人的视觉感受也会大不相同，比如在 Cosplay 中出现的场景，会更偏向于现实世界，而在游戏或 3D 动画中出现的场景，则有些"伪 3D"的效果，且因为技术限制，偶尔还会触发恐怖的效应。

## 常见的二点五次元场景相关提示词参考

| 中世纪场景 | medieval scene | 神秘废墟 | mysterious ruin | 水泥厂 | cement factory |
|---|---|---|---|---|---|
| 神圣礼堂 | sacred hall | 地牢 | dungeon | 冰雪山峰 | snowy peak |
| 灰色城堡 | gray castle | 秘密基地 | secret base | 孤岛堡垒 | isolated fortress |
| 辽阔原野 | vast wilderness | 遗忘之地 | forgotten land | 海滩登陆 | beach landing |
| 兵器锻造铺 | weapon forge | 寒冷冰原 | cold tundra | 隧道地道 | tunnel passage |
| 木屋村落 | wooden village | 幽灵船 | ghost ship | 军火库 | arms depot |
| 坚固城墙 | sturdy rampart | 魔法森林 | enchanted forest | 山岭要塞 | mountain stronghold |
| 繁华集市 | bustling market | 漂浮岛 | floating island | 卫星发射台 | satellite launch pad |
| 战后废墟 | post-war ruin | 精灵之境 | elven realm | 机械工厂 | mechanical factory |
| 护城河 | moat | 龙穴 | dragon's den | 天空塔 | sky tower |
| 古代场景 | ancient scene | 幻境之门 | portal to fantasy | 危险港口 | dangerous harbor |
| 小桥流水 | water flowing beneath a little bridge | 幻想乐园 | fantasy park | 雾霾都市 | misty metropolis |
| 冷清客栈 | desolate inn | 地狱之路 | road to hell | 机场停机坪 | airport apron |
| 恢宏宫殿 | grand palace | 时空隧道 | space-time tunnel | 城市天际线 | urban skyline |
| 庄严庙宇 | solemn temple | 未来都市 | futuristic city | 山脚村庄 | foothill village |
| 繁华酒楼 | bustling tavern | 机械迷城 | mechanical maze | 空军基地 | air force base |
| 森严军营 | strict military camp | 海底世界 | underwear world | 乱石滩涂 | rocky shoal |
| 云中仙阁 | pavilion in the clouds | 蒸汽朋克城 | steampunk city | 军用码头 | military wharf |
| 八卦阵 | eight trigrams array | 恐龙时代 | dinosaur era | 机场跑道 | airport runway |
| 比武场 | martial arts arena | 童话之城 | fairy tale city | 军事基地 | military base |
| 雪山擂台 | snow mountain arena | 仙境草坪 | fairy meadow | 城市街区 | urban street |
| 莲花池 | lotus pond | 魔法学院 | magic academy | 铁路枢纽 | railway junction |
| 世外桃源 | arcady | 巨人墓地 | giant's tomb | 城市公寓 | urban apartment |
| 湖心亭 | pavilion in the lake | 飞行岛 | flying island | 巨型货船 | giant cargo ship |
| 水面泛舟 | boating on the water | 龙之谷 | valley of dragon | 军事掩体 | military bunker |
| 河边渡口 | riverside ferry | 水晶洞穴 | crystal cave | 露营地 | campsite |
| 河上拱桥 | bridge over the river | 暗黑地牢 | dark dungeon | 交战区 | battleground |
| 地下矿洞 | underground mine | 雷鸣峡谷 | thunderous gorge | 地下室 | basement |
| 石头迷宫 | stone maze | 现代场景 | modern scene | | |
| 幻想场景 | fantasy scene | 港口码头 | port dock | | |

## 实例关键词要点解析

内容提示词: 3D 模型艺术, 卡通, 等距立方体卧室, 计算机, 窗户, 植物, 书架, 桌子, 柔和色彩, 柔和光线, 概念艺术。
背景和环境提示词: 简单背景, 白色背景。
品控提示词: 大师杰作, 高质量, 高分辨率, 独创性, 极高细节的壁纸效果, 完美照明。
反向提示词: 不适宜内容, 最差质量, 低质量, 普通质量, 低分辨率, 单色, 灰色, 丑陋, 模糊, 文字, 署名, 水印, 用户名。

| 文生图 | 图生图 | 后期处理 | PNG 图片信息 | 模型融合 | 训练 | 设置 | 扩展 | 65/75 |

(3D model:1.5), 3d art, cartoon, cube cutout of an isometric programmer bedroom with a gaming pc, windows, plants, bookshelves, desk, muted colors, soft lighting, concept art,
simple background, white background,
(masterpiece:1.2), best quality, masterpiece, highres, original, extremely detailed wallpaper, perfect lighting

34/75

NSFW, (worst quality:2), (low quality:2), (normal quality:2), lowres, normal quality, ((monochrome)), ((grayscale)), (ugly:1.331), blurry, text, signature, watermark, username

Stable Diffusion 模型: SD XL Base 1.0　　采样方法: Euler
外挂 VAE 模型: SD XL VAE　　宽度 x 高度: 1024x1024
迭代步数: 30　　提示词引导系数: 10

## 实例关键词效果展示

种子数:
3779271568

## 4.4　水墨风格

水墨画中对于人物刻画的数量较少，却都别有一番风韵，不同于素描的黑白灰色调，水墨画虽然只有水和墨两种颜料来源，但能调出浓墨、淡墨、干墨、湿墨、焦墨等不同浓淡，配合多种笔法，达到千变万化的效果。

### 4.4.1　人物的表现

水墨风格就是让 AI 来模仿中国传统水墨画的形式来表现使用者所给的提示词内容，相对其他风格来说，水墨风格比较专业且小众，可能并不是 Stable Diffusion 十分擅长的，在绘制该风格的作品时，除了详细的提示词之外，可以考虑使用其他模型来加以辅助。

**常见的水墨人物相关提示词参考**

| 水墨 | ink and wash | 尼姑 | nun | 投枪手 | javelineer |
|---|---|---|---|---|---|
| 侠客 | swordsman | 盗墓贼 | grave robber | 戟手 | halberd man |
| 英雄豪杰 | hero | 土匪 | bandit | 矛手 | spearman |
| 神医 | miracle doctor | 乞丐 | beggar | 武士家臣 | samurai vassal |
| 道士 | taoist priest | 打手 | bruiser | 武士侍从 | samurai attendant |
| 侠女 | swordswoman | 隐士 | hermit | 骑马者 | horseman |
| 风流才子 | talented and romantic scholar | 术士 | warlock | 平民 | commoner |
| 文官 | civil official | 法师 | mage | 贵族 | noble |
| 武将 | military general | 管家 | majordomo | 地主 | landlord |
| 军师 | military adviser | 家仆 | manservant | 首领 | chieftain |
| 游侠 | wander swordsman | 护卫 | bodyguard | 官僚 | bureaucrat |
| 恶棍 | villain | 门客 | a hanger-on of an aristocrat | 武僧 | warrior monk |
| 妖精 | evil spirit | | | 雇佣兵 | mercenary |

（续）

| 鬼怪 | ghost | 富商 | wealthy merchant | 巫师 | sorcerer |
|---|---|---|---|---|---|
| 老者 | old man | 财主 | rich man | 舞女 | maiko |
| 强盗 | bandit | 不朽的人 | immortal | 工匠 | craftsman |
| 盗贼 | thief | 神祇 | gods | 街头艺人 | performer |
| 流浪汉 | vagabond | 寻宝者 | treasure hunter | 祭司 | priest |
| 侍女 | maid | 捕快 | constable | 毒贩 | peddler |
| 书生 | scholar | 江湖高手 | martial arts master | 暴君 | tyrant |
| 大臣 | minister | 宗师 | grandmaster | 使节 | envoy |
| 家丁 | family servant | 武林盟主 | wulin alliance leader | 占卜师 | fortuneteller |
| 船夫 | boatman | 日本武士 | samurai | 流民 | refugee |
| 渔夫 | fisherman | 忍者 | ninja | 货郎 | hawker |
| 猎人 | hunter | 弓箭手 | archer | 庙祝 | temple attendant |
| 农夫 | farmer | 拳师 | boxer | | |
| 僧人 | monk | 铁匠 | blacksmith | | |

## 实例关键词要点解析

内容提示词: 水墨风格，白与黑，Lora 模型 "shuimo"，一个女孩，站姿，黑色发髻，冷酷面容，武术动作，上半身，正面视角。

背景和环境提示词: 墨水飞溅背景。

品控提示词: 大师杰作，高质量，独创性，签名。

反向提示词: 最差质量，低质量，普通质量，低分辨率，错误身体结构，错误手指，多余手指，缺少手指，伪影。

| 文生图 | 图生图 | 后期处理 | PNG 图片信息 | 模型融合 | 训练 | 设置 | 扩展 |
|---|---|---|---|---|---|---|---|

43/75

ink wash painting style, white and black, <lora:xl_shuimo-000012:1>, 1girl, standing, black hair bun, cold face, martial arts, upper body, from front,

ink splash background,

masterpiece, best quality, original, signature

28/75

(worst quality:2), (low quality:2), (normal quality:2), lowres, normal quality, bad anatomy, bad digits, fewer digits, extra digits, artifacts

Stable Diffusion 模型: SD XL Base 1.0　　采样方法: Euler
外挂 VAE 模型: SD XL VAE　　宽度 × 高度: 1024×1024
迭代步数: 30　　提示词引导系数: 10

**实例关键词效果展示**

种子数：
1451340358

## 4.4.2　场景的表现

　　场景的展现是水墨画中最重要的题材，尤其以山水画著称，它并非是对于现实世界的"再现"，而是对于客观事物的"表现"。水墨场景并不追求与事物原形多么一致，反而更追求"以形写神"和"似与不似"的效果。

　　由于水墨画是一种十分注重意境的绘画方式，除了技法熟练之外，情感的表达也非常重要，加之水墨与纸张之间晕染的效果，这都是 AI 很难掌握的技巧，就现阶段的 AI 绘画来说，只能求得"形似"，无法达到"神似"的程度。

## 常见的水墨场景相关提示词参考

| 山 | mountain | 倒影 | reflection | 朦胧 | hazy |
|---|---|---|---|---|---|
| 水 | water | 篱笆 | fence | 静谧 | quiet and peaceful |
| 云 | cloud | 枯树 | dead tree | 险峻 | steep and precipitous |
| 树 | tree | 湖泊 | lake | 清新 | fresh |
| 石 | rock | 森林 | forest | 文雅 | refined |
| 花 | flower | 石桥 | stone bridge | 仙境 | fairyland |
| 草 | grass | 莲叶 | lotus leaf | 浩瀚无边 | vast and boundless |
| 竹 | bamboo | 池塘 | pond | 峡谷深处 | deep in the canyon |
| 梅 | plum blossom | 游鱼 | swimming fish | 虚实相生 | reality and illusion |
| 兰 | orchid | 塔 | tower | 幽谷 | secluded valley |
| 江 | river | 茅屋 | thatched cottage | 层次分明 | distinct hierarchy |
| 桥 | bridge | 寺庙 | temple | 古意盎然 | full of ancient charm |
| 鸟 | bird | 菊花 | chrysanthemum | 波澜壮阔 | vast and majestic |
| 瀑布 | waterfall | 荷花 | lotus | 绵延不绝 | continuous |
| 月亮 | moon | 村落 | village | 水墨意境 | ink painting mood |
| 松树 | pine tree | 芦苇 | reed | 气势磅礴 | majestic momentum |
| 山峰 | peak | 枫树 | maple tree | 曲曲折折 | winding and twisting |
| 河流 | stream | 秋叶 | autumn leaves | 山清水秀 | picturesque scenery |
| 水面 | surface of water | 花瓣 | petal | 风光旖旎 | beautiful scenery |
| 薄雾 | mist | 雪山 | snowy mountain | 万里晴空 | endless clear sky |
| 泉水 | spring | 鸢尾 | calamus | 朝气蓬勃 | vibrant vitality |
| 悬崖 | precipice | 幽静 | tranquil | 峰峦叠嶂 | rounding ranges of hills |
| 亭子 | pavilion | 平静 | serene | 云海茫茫 | vast sea of clouds |
| 云雾 | fog | 清雅 | elegant | 潺潺春天 | murmuring spring |
| 水波 | water ripple | 古雅 | picturesque | 落叶满山 | leaves cover the hill |
| 田野 | field | 美景 | beautiful scenery | 倒影清澈 | clear reflection |
| 鹤 | crane | 壮丽 | magnificent | 碧波荡漾 | rippling waves |
| 树林 | woods | 模糊 | misty | 日出东方 | sunrise in the east |
| 河边 | riverside | 迷人 | charming | 鸟儿归巢 | birds return to nests |

## 实例关键词要点解析

内容提示词：水墨风格，白与黑，Lora 模型"shuimo"，风景，水墨，山，水，树，泼墨，空灵，背光，神秘。
背景和环境提示词：白色背景，细节背景，模糊背景。
品控提示词：大师杰作，高质量，丰富细节，极高细节的壁纸效果，精致图案，超精细概念艺术，动态光线，微弱光线，高对比度。
反向提示词：最差质量，低质量，不适宜内容，低分辨率，过曝，文字，署名，水印，用户名。

| 文生图 | 图生图 | 后期处理 | PNG 图片信息 | 模型融合 | 训练 | 设置 | 扩展 |

68/75

ink wash painting style, white and black, <lora:xl_shuimo-000012:1>, scenery, ink, mountains, water, trees, ink splash, ethereal, backlight, (mysterious:0.8),
white background, detailed background, blurry background,
(masterpiece, best quality, ultra detailed), extremely detailed wallpaper, delicate pattern, super fine concept art, dynamic lighting, faint light,high-contrast

23/75

(worst quality, low quality:2), (NSFW:1.4), lowres, overexposure, text, signature, watermark, username

| | |
|---|---|
| Stable Diffusion 模型：SD XL Base 1.0 | 采样方法：DPM++2M Karras |
| 外挂 VAE 模型：SD XL VAE | 宽度 x 高度：1024x1024 |
| 迭代步数：30 | 提示词引导系数：9 |

## 实例关键词效果展示

种子数：
250312938

# 4.5　摄影风格

摄影一词源自于希腊语中"光线"和"绘图"两个词的组合，广义的摄影包含了制作静态照片和动态视频等不同的形式，我们这里仅以摄影风格指代具有照片效果的图像。

## 4.5.1　人物的表现

摄影风格的人物表现分为两种，一种是以刻画人物的外貌、表情、神态、动作等为主旨，没有多余的情节或显眼的背景，也被称为"人像摄影"；另一种是以展现具体情节和活动为主旨，人物只是其中的一部分，不需要成为特别突出的对象。

**常见的摄影人物相关提示词参考**

| 视角 | view | 低处视角 | low view | 两点透视 | two point perspective |
|------|------|----------|----------|----------|----------------------|
| 近景 | close shot | 屋顶视角 | rooftop view | 立体透视 | |
| 远景 | prospect | 地面视角 | ground view | stereoscopic perspective | |
| 前景特写 | foreground close-up | 水平远景 | horizontal vision | 大特写 | big close-up |
| 中景特写 | medium close-up | 顶部远景 | top perspective | 大特写 | upper body |
| 俯视角 | overhead view | 局部视角 | partial view | 胸部以上 | above the chest |
| 正视图 | elevation view | 整体视角 | overall view | 头部特写 | head shot |
| 透视图 | perspective view | 转移印花 | transfer printing | 面部特写 | face shot |
| 侧面视角 | side view | 局部特写 | close-up detail | 膝盖以上 | above the knee |
| 顶视图 | top view | 纵向视角 | portrait view | 全身像 | full body |
| 低角度视角 | low-angle view | 动态视角 | dynamic view | 半身像 | bust |
| 高角度视角 | high-angle view | 广角视角 | wide-angle view | 远距离视角 | long distance perspective |
| 水平视角 | horizontal view | 双重视角 | dual perspective view | 过肩视角 | shoulder perspective |

（续）

| 垂直视角 | vertical view | 斜视角 | diagonal view | 散景 | bokeh |
|---|---|---|---|---|---|
| 背光视角 | backlight view | 正面视角 | front view | 全长镜头 | full length lens |
| 侧背光视角 | side backlight view | 后视角 | back view | 全景视角 | panoramic view |
| 平视角 | eye-level view | 空中视角 | aerial view | 广角视角 | wide-angle perspective |
| 鱼眼视角 | fisheye view | 极端视角 | extreme view | 等距视角 | isometric view |
| 倾斜视角 | tilted view | 宽幅视角 | widescreen view | 微距视角 | macro shot |
| 透视远景 | perspective view | 剪影视角 | silhouette view | 前景 | foreground |
| 透视特写 | perspective close-up | 黄金分割 | golden ratio view | 背景 | background |
| 环视角 | ring view | 对称视角 | symmetrical view | 卫星视角 | satellite view |
| 纵深视角 | depth of field view | 静态视角 | static view | 电影镜头 | cinematic shot |
| 多角度视角 | multi-angle view | 底部视角 | bottom view | 焦点视角 | focal view |
| 平面视角 | flat view | 微观视角 | microscopic view | 抽象视角 | abstract view |
| 立体视角 | stereoscopic view | 横截面视角 | cross-section view | 畸变视角 | distortion view |
| 高处视角 | elevated view | 超侧视角 | super side view | | |

## 实例关键词要点解析

内容提示词：Lora 模型"stvmccrr"，一个女孩的特写，庆祝胡里节，丰富鲜艳的色彩，四处飞扬的彩色粉末。
背景和环境提示词：彩色粉末爆炸的背景。

品控提示词：摄影风格，电影照片，模拟胶片，胶片纹理，丰富细节，极高细节，自然光照，大师杰作，高质量，获奖的摄影作品。

反向提示词：压缩伪影，糟糕艺术，最差质量，低质量，错误，模糊的眼睛，错误、糟糕的手，连体，错误特征，水印。

| 文生图 | 图生图 | 后期处理 | PNG 图片信息 | 模型融合 | 训练 | 设置 | 扩展 |
|---|---|---|---|---|---|---|---|

56/75

<lora:stvmccrr:1>, close-up 1girl, celebrating the holi festival, rich vibrant colors, flying colored powder everywhere, an explosion of colored powder background,
photographic, cinematic photo, analog film, film grain, intricate details, insanely detailed, natural lighting, masterpiece, best quality, award winning photography

37/75

compression artifacts, bad art, worst quality, low quality, imperfect eyes, fuzzy eyes, bad hands, imperfect hands, bad limbs, conjoined, bad features, watermark

| Stable Diffusion 模型：RealvisxlV20_SDXL | 采样方法：DPM++2M Karras |
|---|---|
| 外挂 VAE 模型：无 | 宽度 x 高度：1024x1024 |
| 迭代步数：30 | 提示词引导系数：7 |

**实例关键词效果展示**

种子数：
3253541265

## 4.5.2　场景的表现

在摄影领域中，场景摄影最常用的两大主题分别是静物摄影和景物摄影。前者通常以无生命物体为拍摄对象，结合摄影手段拍出具有艺术美感的作品；后者则以风景为主要拍摄对象，运用技巧来记录下某一刻的美丽世界。

有人说过：摄影家的能力是把日常生活中稍纵即逝的平凡事物转化为不朽的视觉图像。同样是记录真实世界，摄影风格比写实风格要更有艺术美感，它不是随手一拍，而是经过创意和构思的结果，所以使用 AI 绘制摄影作品也要融入思考的力量。

## 常见的摄影场景相关提示词参考

| 构图 | composition | 光影 | light and shadow | 孤立 | isolated |
|---|---|---|---|---|---|
| 中心 | center | 运动模糊 | motion blur | 放射状的 | radial |
| 对称 | symmetrical | 色彩对比 | color contrast | 互补色 | split complementary |
| 三分法 | rule of thirds | 高速快门 | high-speed shutter | 风景 | scenery |
| 对角线 | diagonal | 低速快门 | low-speed shutter | 负空间 | negative space |
| 逆光 | backlighting | 曝光时间 | exposure | 不对称 | asymmetrical |
| 平行线 | parallel lines | 长时间曝光 | long exposure | 汇聚线条 | converging lines |
| 远近对比 | distance contrast | 高光 | highlights | 并置 | juxtaposition |
| 剧场式 | theatrical style | 曲线 | curve | 消失点 | vanishing point |
| 同心圆 | concentric circles | 角度 | angle | 非线性 | nonlinear |
| 8 字形 | figure eight | 强调 | emphasis | S 形 | S-shaped |
| 三维 | three-dimensional | 平衡 | balance | 水平 | horizontal |
| 平面 | two-dimensional | 极简 | minimalism | 引导线 | leading lines |
| 重复元素 | repeating element | 空间 | space | 圆形 | circular |
| 洞穴 | cavern | 螺旋线 | spiral line | 拼贴 | collage |
| 透视 | perspective | 线条 | line | 黄金比例 | golden ratio |
| 定点 | fixed point | 比例 | proportion | 舞台式 | stage style |
| 动感 | dynamic | 重复 | repetition | 协调 | coordination |
| 斜线 | oblique line | 分割 | segmentation | 时序 | time sequence |
| 裁剪 | cropping | 形状 | shape | 环境 | environment |
| 层次感 | layered | 自然光 | natural light | 情感 | emotional |
| 镜像 | mirror image | 饱和度 | saturation | 节奏感 | rhythmic |
| 清晰 | clarity | 亮度 | brightness | 空间秩序 | spatial order |
| 重心 | center of gravity | 温度 | temperature | 临场感 | on-the-spot |
| 螺旋 | spiral | 色调 | tone | 线条交错 | interlocking line |
| 拉远焦距 | zoom out | 色彩平衡 | color balance | 多重曝光 | multiple exposure |
| 拉近焦距 | zoom in | 饱和 | saturated | 对焦模糊 | focus blur |
| 大光圈 | large aperture | 剪影 | silhouette | 主题式 | thematic |
| 小光圈 | small aperture | 焦点 | focal point | 单色调 | monochrome |
| 快门 | shutter | 部分重叠 | overlapping | 半透明 | translucent |

## 实例关键词要点解析

内容提示词: Lora 模型 "melissa-stemmer", 由梅利莎·斯特姆拍摄, 卡梅奥岛明亮的春天景色, 如画的早晨。
背景和环境提示词: 自然之美的概念背景, 模糊的背景。
品控提示词: 摄影风格, 电影照片, 大师杰作, 高质量, 高分辨率, 逼真, 黄金时段, 复古外观, 温暖氛围, 鲜艳色彩。
反向提示词: 最差质量, 低质量, 普通质量, 低分辨率, 低细节, 过饱和, 欠饱和, 曝光过度, 曝光不足, 灰色, 糟糕的照片, 糟糕的摄影, 糟糕的艺术, 水印, 署名, 文字, 用户名, 模糊, 颗粒。

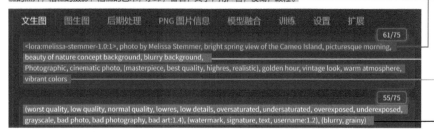

| 文生图 | 图生图 | 后期处理 | PNG 图片信息 | 模型融合 | 训练 | 设置 | 扩展 |
|---|---|---|---|---|---|---|---|

61/75

<lora:melissa-stemmer-1.0:1>, photo by Melissa Stemmer, bright spring view of the Cameo Island, picturesque morning, beauty of nature concept background, blurry background,
Photographic, cinematic photo, (masterpiece, best quality, highres, realistic), golden hour, vintage look, warm atmosphere, vibrant colors

55/75

(worst quality, low quality, normal quality, lowres, low details, oversaturated, undersaturated, overexposed, underexposed, grayscale, bad photo, bad photography, bad art:1.4), (watermark, signature, text, username:1.2), (blurry, grainy)

Stable Diffusion 模型: RealvisxlV20_SDXL    采样方法: DPM++2M SDE Karras
外挂 VAE 模型: 无    宽度 x 高度: 1024x1024
迭代步数: 30    提示词引导系数: 7

## 实例关键词效果展示

种子数:
4209951802

## 4.6　赛博朋克风格

赛博朋克源自于 20 世纪六七十年代兴起的科幻小说新浪潮运动，后来成为一种具有指向性的科幻文学类别，由于情节大部分都是以黑客、机器人、人工智能为主题，所以相应地，赛博朋克风格的绘画作品也离不开这些元素。

### 4.6.1　人物的表现

赛博朋克中登场的角色大部分都是社会边缘人物，比如性格孤僻的独行者、进行过侵入性人体改造的义体人等，五花八门的发色、奇形怪状的发型、夸张的文身、冷酷的皮夹克等装饰都是标榜叛逆和反抗的赛博朋克风格。

**常见的赛博朋克人物相关提示词参考**

| | | | | | |
|---|---|---|---|---|---|
| 赛博朋克 | cyberpunk | 赛博囚徒 | cyber prisoner | 手臂文身 | arm tattoo |
| 赛博狂徒 | cyberfanatics | 赛博幽灵 | cyber ghost | 后背文身 | back tattoo |
| 信息审查官 | information censor | 数字弃儿 | digital outcast | 胸口文身 | chest tattoo |
| 数字战士 | digital warrior | 网络幽灵 | net specter | 蛇形文身 | snake tattoo |
| 技术间谍 | technical spy | 赛博观察者 | cyber observer | 藤蔓文身 | vine tattoo |
| 城市守卫者 | city defender | 未来战士 | future warrior | 骷髅文身 | skull tattoo |
| 赛博摇滚者 | cyber rockstar | 赛博法官 | cyber judge | 机械眼 | mechanical eye |
| 未来预言家 | future prophet | 赛博救世主 | cyber messiah | 机械手 | mechanical hand |
| 机械改造者 | mechanical reformer | 数据嗅探者 | data sniffer | 机械心脏 | mechanical heart |
| 暗网交易家 | dark net trader | 暗夜行者 | night walker | 机械耳朵 | mechanical ears |
| 数字僧侣 | digital monk | 赛博治安官 | cyber law enforcer | 机械脸颊 | mechanical cheeks |
| 赛博舞者 | cyber dancer | 智能机器人 | intelligent robot | 机械头冠 | mechanical headgear |

（续）

| 网络操控者 | net manipulator | 赛博异想家 | cyber dreamer | 机械大脑 | mechanical brain |
|---|---|---|---|---|---|
| 数据分析师 | data analyst | 智能生命体 | intelligent life form | 金属腿 | metallic legs |
| 赛博刺客 | cyber assassin | 电子雇佣者 | digital murderer | 金属手臂 | metallic arms |
| 技术狂人 | technical maniac | 赛博拳手 | cyber boxer | 骷髅面具 | skull mask |
| 数字冒险家 | digital adventurer | 赛博猎人 | cyber hunter | 暗黑面具 | dark mask |
| 网络武士 | online warrior | 赛博战神 | cyber god | 霓虹面具 | neon mask |
| 赛博黑客 | cyber hacker | 赛博牛仔 | cyber cowboy | 金属面具 | metallic mask |
| 科技独裁者 | technological despot | 赛博使者 | cyber emissary | 绿色眼影 | green eye shadow |
| 数字幽灵 | digital ghost | 银色短发 | silver short hair | 紫色唇膏 | purple lipstick |
| 网络梦想家 | net dreamer | 绿色编织辫 | green braided hair | 红色瞳孔 | red pupils |
| 赛博探险家 | cyber explorer | 红色长发 | red long hair | 银色皮肤 | silver skin |
| 未来机械人 | future mechanoid | 紫色卷发 | purple curly hair | 铆钉手套 | riveted gloves |
| 技术狂热者 | technological zealot | 蓝色光头 | blue bald head | 十字架耳环 | cross earring |
| 赛博雇佣兵 | cyber mercenary | 火焰文身 | flame tattoo | 金属项圈 | metallic collar |
| 未来哨兵 | future sentinel | 面部文身 | face tattoo | | |

## 实例关键词要点解析

内容提示词：Lora 模型 "sdxl_cyberpunk"，一个赛博朋克女孩，紫色头发，冷酷表情，身着具有未来科技感的赛博服装，佩戴高科技的赛博装备，上半身构图。

背景和环境提示词：熙熙攘攘的赛博朋克城市景观背景，充满霓虹灯招牌和高耸的摩天大楼，模糊背景。

品控提示词：大师杰作，高质量，高分辨率，极高细节，丰富多变的色彩，霓虹蓝、霓虹绿、霓虹粉和霓虹紫。

反向提示词：最差质量，低质量，普通质量，低分辨率，单色，错误肢体结构，错误比例，糟糕的脸，文字，水印，用户名。

文生图　图生图　后期处理　PNG 图片信息　模型融合　训练　设置　扩展

79/150

<lora:sdxl_cyberpunk:0.6> 1cyberpunk girl, purple hair, cool expression, wearing futuristic attire complete with neon accents, cybernetic implants, and high-tech accessories, upper body,

a bustling cyberpunk cityscape background, filled with neon signs, towering skyscraper, blurry background,

(masterpiece:1.2), best quality, highres, extremely detailed, rich and vibrant color, neon blues, green, pinks, and purples

27/75

worst quality, low quality, lowres, ((monochrome)), bad anatomy, bad proportions, poorly drawn face, text, watermark, username

| Stable Diffusion 模型：SD XL Base 1.0 | 采样方法：DPM++2M Karras |
|---|---|
| 外挂 VAE 模型：SD XL VAE | 宽度 x 高度：1024x1024 |
| 迭代步数：30 | 提示词引导系数：9 |

**实例关键词效果展示**

种子数：
2096994896

## 4.6.2 场景的表现

　　赛博朋克风格的场景往往具有强烈的视觉冲击效果，以黑色、红色、紫色、绿色的组合来形成独特的搭配，比如街头的霓虹灯、广告牌等各种刺眼的灯光效果，或闪烁着神秘光芒、展现科技感的未来武器或建筑物。

　　赛博朋克场景中最常见的元素有：高耸的摩天大楼，代表着未来的科技水平连绵的阴雨，是对氛围的烘托，也是视觉效果的呈现。

## 常见的赛博朋克场景相关提示词参考

| 玻璃城 | glass city | 霓虹大厦 | neon skyscraper | 绿色显示器 | green display |
|---|---|---|---|---|---|
| 钢铁森林 | steel forest | 光影之墙 | light and shadow wall | 金属柱子 | metal pillar |
| 数字迷宫 | digital maze | 数字墓地 | digital cemetery | 黑色剪影 | purple glow |
| 高科技都市 | high-tech metropolis | 贫民窟 | slum | 银色车架 | silver chassis |
| 碎片巷道 | shard alley | 黑市 | black market | 金属网格 | metal grid |
| 暗黑角落 | shadowy corner | 生化实验室 | biochemical lab | 黑色装甲 | black armor |
| 未来广场 | future plaza | 荧光海洋 | fluorescent ocean | 电子眼镜 | electronic glasses |
| 环形街区 | circular block | 地下避难所 | underground shelter | 数字手表 | digital watch |
| 朦胧街头 | foggy street | 红色霓虹灯 | red neon light | 电子仪器 | electric instrument |
| 电子废墟 | electronic ruin | 钢铁建筑 | steel building | 透明防护罩 | transparent shield |
| 虚拟天空 | virtual sky | 黑色烟雾 | black smoke | 复古汽车 | retro car |
| 巨型广告牌 | giant billboard | 蓝色电弧 | blue electric arc | 荧光手套 | fluorescent gloves |
| 数字市场 | digital market | 金属地板 | metal floor | 智能手环 | smart wristband |
| 深渊之门 | abyss gate | 绿色液体 | green liquid | 虚拟头盔 | virtual helmet |
| 霓虹灯走廊 | neon corridor | 银色幕墙 | silver curtain wall | 仿生手臂 | bionic arm |
| 机械都市 | mechanical city | 黄色标志 | yellow sign | 机械键盘 | mechanical keyboard |
| 数据之海 | sea of data | 透明屏幕 | transparent screen | 悬浮汽车 | hover car |
| 镜面大厅 | mirrored hall | 玻璃栏杆 | glass railing | 光子枪 | photon gun |
| 城市天际线 | city skyline | 钢铁桥梁 | steel bridge | 水下摩托 | underwater motorcycle |
| 虚拟花园 | virtual garden | 黑色电线 | black wire | | |
| 暗网荒原 | dark web wasteland | 白色灯光 | white light | 光电传感器 | photoelectric sensor |
| 未来乐园 | future playground | 黄色管道 | yellow pipe | 生物扫描仪 | biometric scanner |
| 电子海洋 | electronic ocean | 紫色屏障 | purple barriers | 超级计算机 | supercomputer |
| 隐秘之径 | secret path | 白色水汽 | white vapor | 太空电梯 | space elevator |
| 虚拟广场 | virtual square | 黄色蒸汽 | yellow steam | 太空飞行器 | space vehicle |
| 钢铁之谷 | valley of steel | 黑色深渊 | black abyss | 生命探测器 | life detector |
| 霓虹之城 | neon city | 红色火焰 | red flame | 太空导航仪 | space navigator |
| 网络迷宫 | network maze | 爆炸火光 | explosive firelight | 生物传感器 | biosensor |
| 数字之河 | river of digits | 透明胶囊 | transparent capsule | 生命模拟器 | life simulator |
| 数据堡垒 | data fortress | 银色机器 | silver machine | 磁悬浮列车 | maglev train |

## 实例关键词要点解析

内容提示词：赛博朋克风，2096 年一条雨中的街道，贫民窟，破旧的建筑，杂乱的街道，昏暗的灯光，废弃的汽车，交错的电线，孤独的人。
背景和环境提示词：雾蒙蒙的背景，摩天大厦背景，模糊背景。
品控提示词：大师杰作，超高细节，高质量，高分辨率，景深。
反向提示词：不适宜内容，最差质量，低质量，普通质量，低分辨率，模糊，文字，署名，水印，用户名。

| 文生图 | 图生图 | 后期处理 | PNG 图片信息 | 模型融合 | 训练 | 设置 | 扩展 |
|---|---|---|---|---|---|---|---|

62/75

cyberpunk, a rainy street in 2096, slums, dilapidated buildings, chaotic streets, dim lighting, abandoned cars, interlaced cables, lonely people,

misty background, skyscraper background, blurry background,

(masterpiece),((ultra-detailed)), (best quality:1.2), highres, depth of field

24/75

(NSFW:1.2),worst quality, low quality, normal quality, lowres, blurry, text, signature, watermark, username

| | |
|---|---|
| Stable Diffusion 模型：SD XL Base 1.0 | 采样方法：DPM++2M Karras |
| 外挂 VAE 模型：SD XL VAE | 宽度 × 高度：1024x1024 |
| 迭代步数：25 | 提示词引导系数：7 |

## 实例关键词效果展示

种子数：
3456499182

# 4.7 宫崎骏风格

宫崎骏风格完全来自于以宫崎骏为核心创办的吉卜力工作室所制作的动画片，如《龙猫》《魔女宅急便》《千与千寻》等广为人知的作品，由这些动画片所提供的素材也成为 AI 创作该风格图像的主要参考标准。

## 4.7.1 人物的表现

宫崎骏风格的人物与其他日本动画中所推崇的大眼睛、高鼻梁、瓜子脸的完美形象完全不同，它倡导真实的人物造型，以简洁的线条描绘出更接近现实的五官和身体比例，朴素的色彩刻画出写实的服饰和外貌效果，将平凡之人表现出艺术之美。

**常见的宫崎骏风格人物相关提示词参考**

| 宫崎骏 | Miyazaki Hayao | 《魔女宅急便》 | 《KiKi's Delivery Service》 | 猫王 | The Cat King |
|---|---|---|---|---|---|
| 吉卜力工作室 | | 琪琪 | Kiki | 《崖上的波妞》 | |
| Studio Ghibli | | 蜻蜓 | dragonfly | 《Ponyo on the Cliff》 | |
| 《千与千寻》 | | 乌露丝拉 | Ursula | 波妞 | Ponyo |
| 《Spirited Away》 | | 奥索娜 | Osono | 宗介 | Sosuke |
| 荻野千寻 | Ogino Chihiro | 《红猪》 | | 丽莎 | Lisa |
| 白龙大人 | Haku | 《Porco Rosso》 | | 耕一 | Koichi |
| 无脸 | No-Face | 马克·波鲁克 | | 曼玛莲 | Mamare |
| 汤婆婆 | Yubaba | Marco Pagot | | 《起风了》 | |
| 钱婆婆 | Zeniba | 唐纳德·卡地士 | | 《The Wind Rises》 | |
| 《龙猫》 | | Donald Curtis | | 堀越二郎 | Jiro Horikoshi |
| 《My Neighbor Totoro》 | | 菲奥·保可洛 | | 里见菜穗子 | Nahoko Satomi |
| 龙猫 | Totoro | Fio Piccolo | | 本庄季郎 | Kiro Honjo |
| 大垣勘太 | Kanta Ogaki | 吉娜女士 | Madame Gina | 黑川 | Kurokawa |

（续）

| 《风之谷》 | | 《幽灵公主》 | | 里见 | Satomi |
|---|---|---|---|---|---|
| 《Valley of the Wind》 | | 《Princess Mononoke》 | | 堀越加代 | Kayo Horikoshi |
| 桑德拉公主 | Princess Zandra | 阿席达卡 | Ashitaka | 《哈尔的移动城堡》 | |
| 阿斯贝鲁 | Asbel | 珊 | San | 《Howl's Moving Castle》 | |
| 库夏娜 | Kushana | 艾伯西女士 | Lady Eboshi | 苏菲·哈特 | Sophie Hatter |
| 犹巴 | Yupa | 疙瘩和尚 | Jigo | 哈尔 | Howl |
| 《天空之城》 | | 《猫的报恩》 | | 荒野女巫 | Witch of the wild |
| 《Castle in the Sky》 | | 《The Cat Returns》 | | 马鲁克 | Markl |
| 帕祖 | Pazu | 吉冈春 | Haru Yoshioka | 稻草人 | Scarecrow |
| 希达 | Sheeta | 猫男爵 | Baron Humbert | 卡西法 | Calcifer |
| 朵拉 | Dola | 胖胖 | Muta | 萨里曼 | Suliman |
| 穆斯卡 | Muska | 小雪 | Yuki | | |
| | | 猫王子月牙 | Prince Lune | | |

## 实例关键词要点解析

内容提示词：Lora 模型"GhibliStyle"，一个女孩，看向观众，黑色眼睛，棕色直发，白色短袖 T 恤，红色短裤，棕色鞋子，站在石板路上，上半身构图。
背景和环境提示词：背景有草地，树木，小桥，小河，蓝天和白云。
品控提示词：大师杰作，高质量，高分辨率，丰富细节，完美照明。
反向提示词：最差质量，低质量，低分辨率，单色，灰色，错误肢体结构，错误比例，文字，署名，水印，用户名。

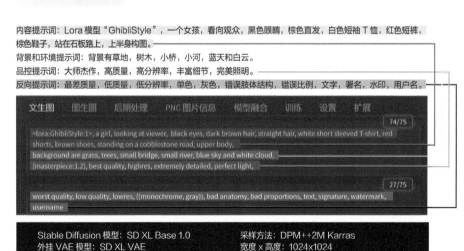

**实例关键词效果展示**

种子数:
2663769252

## 4.7.2 场景的表现

　　宫崎骏风格的场景多以表现自然风光和乡村风景为主，偏爱使用低饱和度的色彩，每个色调都充满温暖包容的质感，组合成融洽统一的画面效果，没有强烈的冲突或凌厉的对撞，给人以宁静、平和的视觉效果和心理感受。

　　描绘自然风光的特点是宫崎骏风格场景中最突出的代表，淡雅柔美的水彩质感，渲染出温柔梦幻的童真气息，花朵与草地的相互对比、蓝天与白云的相互包容、密林与溪流的相互映衬，让人在无法形容的舒适感中爱上了这种润物细无声的风格。

## 常见的宫崎骏风格场景相关提示词参考

| | | | | | |
|---|---|---|---|---|---|
| 汤屋 | Japanese bathhouse | 市集广场 | market square | 雨中共舞 | dance in the rain |
| 樱花树 | cherry tree | 陡峭山路 | steep mountain path | 农田劳作 | working in fields |
| 食堂 | dining hall | 星光之夜 | starry night | 在树洞中 | in tree hollow |
| 温泉酒店 | hot spring resort | 海风草地 | coastal grasslands | 潘帕斯草原 | Pampas grassland |
| 魔法灯 | magic lamp | 空中架构 | aerial architecture | 阴雨连绵 | continuous rain |
| 森林漫步 | forest walk | 红猪座机 | red pig aircraft | 野兽巢穴 | beast's lair |
| 茅草屋 | thatched cottage | 西西里岛上 | on the island of sicily | 大地震颤 | earthquake tremors |
| 池塘边 | by the pond | 日出时刻 | moment of sunrise | 火山喷发 | volcanic eruption |
| 稻田 | rice field | 钓鱼村庄 | fishing village | 银色月光 | silver moonlight |
| 老杉树 | old cedar tree | 神秘狼崖 | mysterious wolf cliff | 飞行鲸鱼 | flying whales |
| 木屋后院 | backyard of cottage | 狼之领地 | territory of the wolves | 风暴之眼 | eye of the storm |
| 风谷 | valley of the wind | 莫拉玛河 | Morama river | 云端城堡 | castle in the clouds |
| 战斗机机队 | fighter jet fleet | 迷雾之地 | land of mist | 小镇钟楼 | town clock tower |
| 娜乌西卡村庄 | Nausicaa's village | 大神树 | great sacred tree | 魔法阵 | magic circle |
| 老风车 | old windmill | 茶室角落 | corner of tea room | 港口船坞 | port dockyard |
| 小艇航行 | sailing on small boat | 溪边垂钓 | fishing by the stream | 卢比庄园 | Luby manor |
| 战争废墟 | ruins of war | 移动城堡 | moving castle | 蒸汽火车 | steam train |
| 空中之城 | sky city | 魔法市场 | magic market | 茶园 | tea plantation |
| 莎拉古瀑布 | Saruta falls | 魔法门廊 | magic portal | 花香小屋 | fragrant cottage |
| 海盗飞船 | pirate ship | 魔法工坊 | magic workshop | 烟囱顶端 | chimney top |
| 机器人工坊 | robot workshop | 炉边谈话 | fireside conversation | 炼金工房 | alchemy workshop |
| 摩托车追逐 | motorcycle chase | 峭壁小屋 | cottage on the cliff | 高塔尖顶 | tower spire |
| 云海之中 | amidst the clouds | 渔村集市 | fishing village market | 欢乐宴会 | joyful banquet |
| 云端之门 | gateway in the clouds | 音乐室 | music room | 悬崖栈道 | cliffside trail |
| 飞行飞艇 | flying airship | 海边栈桥 | seaside boardwalk | 星空露营 | starry camping |
| 降落平台 | landing platform | 山顶风车 | hilltop windmill | 邮局角落 | post office corner |
| 海边小镇 | seaside town | 美食街市 | food street market | 电影院门口 | cinema entrance |
| 魔女之家 | witch's house | 萤火之林 | firefly forest | 山顶观景台 | |
| 送货服务店 | delivery service shop | 神秘神社 | mysterious shrine | peak observation deck | |
| 海滩日落 | beach sunset | 魔法灯塔 | magic lighthouse | | |

## 实例关键词要点解析

内容提示词: Lora 模型 "GhibliStyle", 老旧的黄色校车, 老旧的碎石小路, 树木, 田野, 花朵, 鸟儿, 山丘。
背景和环境提示词: 蓝天背景, 白云背景。
品控提示词: 大师杰作, 超丰富细节, 高精度的 CG 插图, 最佳质量, 高质量纹理, 复杂细节, 完美照明, 丰富色彩, 明亮色彩。
反向提示词: 最差质量, 低质量, 普通质量, 低分辨率, 单色, 灰色, 模糊, 水印, 文字, 用户名。

| 文生图 | 图生图 | 后期处理 | PNG 图片信息 | 模型融合 | 训练 | 设置 | 扩展 |

57/75

<lora:GhibliStyle:1>,old yellow school bus, old gravel road, trees, field, flowers, birds, hills,
blue sky background, white clouds background,
(masterpiece),((ultra-detailed)), (highly detailed CG illustration), (best quality:1.2), high quality texture, intricate details,
perfect light, rich color, bright color

28/75

(worst quality:2), (low quality:2), (normal quality:2), lowres, normal quality, ((monochrome)), ((grayscale)), blurry,
watermark, text, username

| | |
|---|---|
| Stable Diffusion 模型: SD XL Base 1.0 | 采样方法: DPM++2M Karras |
| 外挂 VAE 模型: SD XL VAE | 宽度 x 高度: 1024x1024 |
| 迭代步数: 25 | 提示词引导系数: 7 |

## 实例关键词效果展示

种子数:
4201156683

## 4.8 中式风格

中式风格的人物表现通常以女性居多，不同于具有厚重历史感的各个朝代的汉服，中式风格的人物以身着民国时期的服饰居多，如旗袍、上袄下裙、民国学生服等，也有经过改良后更适合日常穿着的对应款式。

### 4.8.1 人物的表现

中式风格一词最早脱胎于一种室内装饰设计的艺术风格，是以宫廷建筑为代表，将庄重典雅的气质融合于设计之中，发展到现代，更是加入了许多现代和后现代的方式，在保留传统意境的基础上重新进行构建，使其更适合现代人的生活和审美。

**常见的中式人物相关提示词参考**

| 汉服 | hanfu | 中国戏服 | | 老虎 | tiger |
|---|---|---|---|---|---|
| 秦朝 | Qin dynasty | Chinese opera costumes | | 豹子 | leopard |
| 汉朝 | Han dynasty | 十字领 | cross-collar | 熊 | bear |
| 唐朝 | Tang dynasty | 圆领 | round collar | 犀牛 | rhinoceros |
| 宋朝 | Song dynasty | 方领 | square collar | 鹤 | crane |
| 明朝 | Ming dynasty | 斜领 | diagonal collar | 雄孔雀 | peacock |
| 清朝 | Qing dynasty | 直领 | straight collar | 大雁 | wild goose |
| 民国时期 | | 立领 | stand-up collar | 白鹭 | egret |
| the Republican period | | 翻领 | lapel collar | 鸳鸯 | mandarin duck |
| 皇袍 | imperial robe | U形领 | U-shaped collar | 黄鹂 | oriole |
| 龙袍 | dragon robe | 右襟 | right collar | 鹌鹑 | quail |
| 冕服 | coronation costume | 左襟 | left collar | 中国吉祥图案 | |
| 中式袍服 | Chinese robe | 仙女裙 | fairy skirt | Chinese auspicious pattern | |

（续）

| 深衣 | deep garment | 百鸟羽裙 | | 太阳 | sun |
|------|------|------|------|------|------|
| 圆领袍 | round collar robe | hundred bird-feather skirt | | 月亮 | moon |
| 圆领衫 | | 石榴裙 | pomegranate skirt | 星辰 | stars |
| round collared upper garment | | 褶裥裙 | folded skirt | 山 | mountain |
| 无领衫 | collarless shirt | 马面裙 | horse-face skirt | 火 | fire |
| 襦裙 | ru skirt | 百褶裙 | hundred pleated skirt | 莲花 | lotus |
| 道袍 | taoist robe | 月华裙 | moonlight skirt | 鱼 | fish |
| 僧袍 | buddhist monk's robe | 鱼鳞裙 | fish-scale skirt | 海水纹 | seawater ripple |
| 旗袍 | cheongsam | 彩虹裙 | rainbow skirt | 祥云 | auspicious clouds |
| 中山装 | | 凤尾裙 | | 牡丹花 | peony |
| Chinese tunic suit | | phoenix-tail skirt | | 梅花 | plum blossom |
| 古代唐装 | ancient Tang suit | 补子图案 | | 菊花 | chrysanthemum |
| 现代唐装 | | supplement pattern | | 石榴 | pomegranate |
| modern Tang suit | | 狮子 | lion | 蝙蝠 | bat |

## 实例关键词要点解析

内容提示词: Lora 模型"white qipao", 一个女孩, 黑色眼睛和头发, 花朵发饰, 耳环, 中式白旗袍, 看向观众, 上半身。
背景和环境提示词: 花朵背景, 牡丹背景, 浅蓝色背景。
品控提示词: 大师杰作, 最佳质量, 高分辨率, 极高细节的壁纸效果, 非常清晰柔和的光线, 真实效果。
反向提示词: 最差质量, 低质量, 普通质量, 低分辨率, 单色, 灰色, 皮肤瑕疵, 错误肢体结构, 错误比例, 头部歪斜, 多个女孩, 模糊, 糟糕的面部, 变形, 伪影, 长脖子, 文本, 水印。

文生图　图生图　后期处理　PNG 图片信息　模型融合　训练　设置　扩展

63/75

<lora:white qipao:0.9>, 1girl, black eyes, black hair, flower hair ornament, earrings, chinese clothes, white qipao, looking at viewer, upper body,
flower background, peony background, light blue background,
(masterpiece1.2), (best quality:1.2), highres, extremely detailed wallpaper, very clear, soft light, realistic

57/75

(worst quality:2), (low quality:2), (normal quality:2), lowres, ((monochrome)), ((grayscale)), skin blemishes, bad anatomy, bad proportions, tilted head, multiple girls, blurry, poorly drawn face, deformed, artifacts, long neck, text, watermark

Stable Diffusion 模型: majicmixRealistic
外挂 VAE 模型: 无
迭代步数: 30

采样方法: Euler a
宽度×高度: 1024x1024
提示词引导系数: 7

**实例关键词效果展示**

种子数：
3358518784

## 4.8.2　场景的表现

中式风格的场景以室内装饰、中式建筑、园林设计三者为主，讲求舒缓的意境、简约的造型、优雅的格调、朴素的外观和丰富的内涵。在室内装饰中，多选择木质结构和对称的设计，使用水墨画来点缀墙面，提升审美格调。

中式建筑包括中国传统庙宇、宫殿、民居等，不同的建筑有着不同的重点，或大气、或富丽、或古朴、或内敛，变化万千，都是中式建筑的不同风貌。园林设计则是将山水花木相结合的艺术，曲折而自由的布局在方寸之间展现自然之美。

## 常见的中式场景相关提示词参考

| 中式建筑 | Chinese architecture | 山西建筑 | Shanxi architecture | 鸱吻 | owl kiss |
|---|---|---|---|---|---|
| 民居 | commoner's home | 佛光寺 | Foguang Temple | 文兽 | wen beast |
| 宫殿 | palace | 南禅寺 | Nanchan Temple | 中国园林 | Chinesegarden |
| 庙宇 | temple | 晋祠 | Jinci Temple | 礼厅 | auditorium |
| 寺院 | monastery | 应县木塔 | Yingxian wooden tower | 主厅 | hall |
| 佛塔 | pagoda | 岭南建筑 | Lingnan architecture | 花厅 | drawing room |
| 木质结构 | wooden construction | 陈氏书院 | Chan Academy | 四面厅 | four doors room |
| 双边对称 | bilateral symmetry | 青砖 | green brick | 荷花厅 | lotus hall |
| 庭院 | courtyard | 冷巷 | cold alley | 鸳鸯厅 | mandarin ducks hall |
| 天井 | sky well | 窄门 | narrow door | 月亮窗 | moon window |
| 祠堂 | Ancestral hall | 客家建筑 | Hakka architecture | 椭圆窗 | oval window |
| 影壁 | screen wall | 福建土楼 | Hakka Earth Building | 六角窗 | hexagonal window |
| 门神 | door god | 北京胡同 | Beijing hutong | 八角窗 | octagonal window |
| 亭 | Chinese pavilion | 四合院 | Quadrangle dwellings | 人造假山 | artificial rockeries |
| 台 | terrace | 鼓楼 | drum tower | 岩石花园 | rock garden |
| 楼 | multistory building | 黄鹤楼 | Yellow Crane Tower | 观景亭 | view pavilion |
| 阁 | two story pavilion | 滕王阁 | Teng wang Pavilion | 池塘 | pond |
| 轩 | xuan | 岳阳楼 | Yueyang Tower | 湖泊 | lake |
| 塔 | Chinese pagoda | 蓬莱阁 | Penglai Pavilion | 留园 | Lingering Garden |
| 屋 | room | 越王楼 | Yue king Tower | 拙政园 | |
| 斗拱 | Bucket arch | 紫禁城 | The Forbidden City | Humble Administrator's Garden | |
| 藻井 | Sunk Panel | 圆明园 | Old Summer Palace | 远香堂 | |
| 徽派建筑 | Hui zhou architecture | 颐和园 | Summer Tower | The Hall of Distant Fragrances | |
| 砖雕 | brick carving | 辽地塔 | Liaodi Pagoda | 听雨亭 | |
| 木雕 | wood carving | 嵩岳塔 | Songyue Pagoda | Listening to the Rain Pavilion | |
| 石雕 | stone carving | 长城 | Great Wall | 荷风亭 | |
| 马头墙 | horse-head wall | 月亮桥 | Moon bridge | Pavilion in the Lotus Breeze | |
| 白墙 | white wall | 月亮门 | Moon gate | 静思园 | |
| 黑瓦 | black tile | 牌坊 | Memorial archway | Retreat & Reflection Garden | |
| 隐玉堂 | Yin Yu Tang House | 琉璃瓦 | glazed tile | | |

## 实例关键词要点解析

内容提示词: Lora 模型 "suzhouyuanlin", 花园, 建筑物, 建筑, 中国古典园林, 池塘, 窗, 门, 白墙黛瓦, 许多树木。
背景和环境提示词: 美丽的蓝天和阳光背景, 舒适的氛围。
品控提示词: 大师杰作, 最佳质量, 真实效果, 建筑摄影效果, 丰富细节, 超丰富细节, 景深, 专业照明, 建筑渲染, 体积光。
反向提示词: 人物, 最差质量, 低质量, 普通质量, 低分辨率, 单色, 灰色, 文字, 署名, 水印。

| 文生图 | 图生图 | 后期处理 | PNG 图片信息 | 模型融合 | 训练 | 设置 | 扩展 |

66/75

<lora:suzhouyuanlinV1:1>, garden, building, architecture, classical Chinese garden, pool, windows, doors, white wall black tile, many trees,

beautful blue sky and sunlight background, cozy atmosphere,

masterpiece, best quality, realistic, (architectural photography:1.1), extremely detailed, ultra-detailed, depth of field, professional lighting, architectural rendering, volumetric light

25/75

humans,(worst quality:2), (low quality:2), (normal quality:2), lowres, (monochrome, grayscale), text, signature, watermark

| Stable Diffusion 模型: majicmixRealistic | 采样方法: Euler a |
| 外挂 VAE 模型: 无 | 宽度 x 高度: 1024x1024 |
| 迭代步数: 25 | 提示词引导系数: 7 |

## 实例关键词效果展示

种子数:
456978113

# 第 5 章

## 不同材料和媒介的呈现

　　本章展现了在 AI 绘画中的不同材料和媒介，包括绘画、雕塑和其他，且每个类型又包含多个不同的小类别，以深入探讨不同材料和媒介中 AI 的艺术表现。其中，绘画部分涵盖了油画、水彩画等五种不同媒介，雕塑部分涉及了石头、石膏等四种不同的材质，其他部分囊括了塑料、沙土等六种不同原料，让读者更直观地感受到它们之间在质地、颜色、光泽等各个方面的差别。

## 5.1 绘画

　　油画作为西洋画的主要种类之一，最早起源于 15 世纪，其前身是蛋彩画，后来经过画家扬·凡·艾克兄弟的改造后，制作出覆盖力强且能长期保持光泽的绘画材料，自此油画便诞生了。

### 5.1.1 油画

　　从油画出现开始，它变很快成为西方绘画中的主要方式，现存的大部分西方绘画作业也都是油画作品，因为其颜料能够层层堆叠的特性和超群的可塑性是其他绘画方式无可比拟的，时至今日，都是绘画界最重要的作画方式。

**常见的油画相关提示词参考**

| 油画 | oil painting | 宗教画 | religious painting | 《水仙》 | 《Narcissus》 |
|------|------|------|------|------|------|
| 布面油画 | oil on canvas painting | 寓言画 | allegorical painting | 《戴珍珠耳环的少女》 | |
| 木板油画 | wooden oil painting | 动物画 | animal painting | 《Girl with a Pearl Earring》 | |
| 铜板油画 | oil on copper | 战争画 | war painting | 《维纳斯的诞生》 | |
| 壁画 | mural/fresco | 建筑画 | architecture painting | 《The Birth of Venus》 | |
| 画框 | painting frame | 风景画 | landscape painting | 《玛德琳》 | |
| 颜料 | pigment/paint | 历史画 | history painting | 《The Magdalene》 | |
| 调色板 | palette | 风俗画 | genre painting | 《自由引导人民》 | |
| 调色刀 | palette knife | 花卉画 | flower painting | 《Liberty Leading the People》 | |
| 画笔 | paintbrush | 海洋画 | maritime painting | 《吸烟的男人》 | |
| 猪鬃画笔 | hog bristle brush | 东方主义画 | orientalist painting | 《The Smoking Men》 | |
| 貂毛画笔 | sable brush | 体育画 | sports painting | 《荷马被神格化》 | |
| 合成画笔 | synthetic bristle brush | 祭坛画 | altarpiece painting | 《The Apotheosis of Homer》 | |

（续）

| 透明画法 | transparent painting | 《蒙娜丽莎》 | | 《贝利尼一家》 |
|---|---|---|---|---|
| 层次画法 | hierarchical painting | 《Mona Lisa》 | | 《The Bellelli Family》 |
| 直接画法 | direct painting | 《夜巡》 | 《The Night Watch》 | 《吉塞尔贝蒂尼》 |
| 间接画法 | indirect painting | 《星夜》 | 《Starry Night》 | 《Giselle Bettini》 |
| 湿碰湿 | wet-on-wet | 《创造亚当》 | | 《哭泣的妇女》 |
| 厚涂 | impasto | 《The Creation of Adam》 | | 《The Weeping Woman》 |
| 干画法 | drybrush | 《西斯廷圣母》 | | 《拿破仑的加冕》 |
| 点画法 | pointillism | 《Sistine Madonna》 | | 《The Coronation of Napoleon》 |
| 晕染法 | sfumato | 《船上的午餐》 | | 《尤斯图斯的街》 |
| 平涂 | flat painted | 《Luncheon of the Boating Party》 | | 《The Street of Justice》 |
| 静物画 | still life painting | 《拿破仑过阿尔卑斯山》 | | 《阿尔诺芬尼夫妇肖像》 |
| 人像画 | portrait painting | 《Napoleon Crossing the Alps》 | | 《The Arnolfini Portrait》 |
| 人物画 | people painting | 《草地上的午餐》 | | 《蓝色男孩》 |
| 神话画 | mythological painting | 《The Luncheon on the Grass》 | | 《The Blue Boy》 |

## 实例关键词要点解析

内容提示词：Lora 模型"oil painting"，三十岁女性，金色盘发，红色晚礼服，短袖，微笑，不完美的皮肤，自然的皮肤纹理，半转身姿势。

背景和环境提示词：简单背景，纯色背景，棕色背景。

品控提示词：大师杰作，最佳质量，高分辨率，高饱和度色彩，颗粒纹理，粗糙笔触。

反向提示词：最差质量，低质量，低分辨率，单色，发灰，错误肢体结构和比例，肥胖，丑陋，文字，水印。

文生图　图生图　后期处理　PNG 图片信息　模型融合　训练　设置　扩展

65/75

<lora:oil painting:1>, 30 years old woman, blonde hair, hair bun, red Evening gown, short sleeves, smile, imperfect skin, natural skin texture, half turn,

simple background, solid color background, brown background,

(masterpiece1.2), (best quality:1.2), highres, high saturation color, granular texture, rough brushstrokes

28/75

worst quality, low quality, lowres, monochrome, grayscale, bad anatomy, bad proportions, fat, ugly, text, watermark

Stable Diffusion 模型：SD XL Base 1.0　　采样方法：DPM++2M Karras
外挂 VAE 模型：SD XL VAE　　　　　　宽度 x 高度：1024x1024
迭代步数：30　　　　　　　　　　　　提示词引导系数：7

**实例关键词效果展示**

种子数：
197673383

## 5.1.2 水彩画

不同于油画是以油为媒介调和颜料来完成绘画作品的，水彩画是以水为媒介，所以其颜料呈透明状，层层叠加时无法实现如油画般的覆盖效果，而是上下融合产生混色效果，如果覆盖层数过多，就会使颜色显得脏乱。

水彩颜料干燥速度非常快，且水的使用会使画面产生通透和流动的特殊效果，非常适合描绘清新秀丽、自然洒脱的风景作品。水彩画的创作方式分为干画法和湿画法两种，颜料中水分比例的掌握和画面中留白的技巧也是画好水彩画的重要因素。

**常见的水彩画相关提示词参考**

| 水彩画 | watercolor | 草图 | sketch | 《钓鱼者》 | 《The Angler》 |
|---|---|---|---|---|---|
| 水彩纸 | watercolor paper | 插图 | illustration | 《凯尔拉弗罗克城堡》 | |
| 树皮纸 | bark paper | 单色水彩画 | | 《Caerlaverock Castle》 | |
| 羊皮纸 | vellum | monochrome watercolor | | 托马斯·吉尔丁 | |
| 水彩画布 | watercolor canvas | 地形水彩画 | | Thomas Girtin | |
| 纸莎草纸 | papyrus | topographical watercolor | | 《切尔西的白宫》 | |
| 透明度 | transparency | 阿尔布雷特·丢勒 | | 《The White House at Chelsea》 | |
| 水彩画笔 | watercolor brush | Albrecht Durer | | 《巴黎圣但尼街》 | |
| 尼龙画笔 | nylon brush | 《年青的野兔》 | 《Young Hare》 | 《Rue Saint-Denis in Paris》 | |
| 水彩海绵 | watercolor sponge | 《一大片草地》 | | 塞缪尔·普劳特 | |
| 混色 | mix colors | 《Great Piece of Turf》 | | Samuel Prout | |
| 平涂 | flat | 《一簇黄牛草》 | | 《市场日》 | 《Market Day》 |
| 干叠加 | dry-on-dry | 《Tuft of Cowslips》 | | 《威尼斯里亚托桥》 | |
| 空白 | blank | 《因斯布鲁克城堡庭院》 | | 《The Rialto Bridge Venice》 | |
| 枯笔 | dry brush | 《Innsbruck Castle Courtyard》 | | 约翰·塞尔·科特曼 | |
| 湿叠加 | wet-on-wet | 约翰·罗伯特·科森斯 | | John Sell Cotman | |
| 晕染 | halo dyeing | John Robert Cozens | | 《风车,诺福克》 | |
| 撒盐 | sprinkle salt | 《帕埃斯图姆的小寺庙》 | | 《Windmill, Norfolk》 | |
| 喷溅 | splattering | 《The Small Temple at Paestum》 | | 《葛丽塔桥》 | |
| 刮涂 | scumbling | 《内米湖》 | 《Lake Nemi》 | 《Greta Bridge》 | |
| 滴水 | drop water | 约翰·沃里克·史密斯 | | 保罗·桑德比 | |
| 水洗 | wash | John Warwick Smith | | Paul Sandby | |
| 干湿结合 | wet-on-dry | 《傍晚》 | 《Evening》 | 《哈勒克城堡》 | |
| 干刷 | dry brush | 《哈福德森林》 | | 《Harlech Castle》 | |
| 遮蔽 | masking | 《The Woods of Hafod》 | | 约翰·辛格·萨金特 | |
| 滴画 | drip the paint | 《阿伯加文尼城堡》 | | John Singer Sargent | |
| 植物水彩画 | botanical watercolor | 《The Castle at Abergavenny》 | | 《白船》 | |
| 动物水彩画 | wildlife watercolor | 约瑟夫·马洛德·威廉·特纳 | | 《White Ships》 | |
| 风景水彩画 | landscape watercolor | J. M. W. Turner | | | |

## 实例关键词要点解析

内容提示词：Lora 模型"Aether_Watercolor_and_Ink"，一个女孩走在水面上，在精致美丽的蓝色月亮前，水面映射，背面视角，背光，飘飞的长发，飘飞的美丽长裙。

背景和环境提示词：高饱和度的蓝天和星空背景，冷色调。

品控提示词：大师杰作，壁纸效果，最佳质量，最佳照明，最佳阴影，最佳插图，动态角度。

反向提示词：最差质量，低质量，低分辨率，单色，伪影，错误肢体结构和比例，多个女孩，文字，水印。

| 文生图 | 图生图 | 后期处理 | PNG 图片信息 | 模型融合 | 训练 | 设置 | 扩展 |

74/75

<lora:Aether_Watercolor_and_Ink_v1_SDXL_LoRA:1>, a girl walking on surface of the water, in front of a delicate and beautiful moon-blue sky, reflective water surface, from back, backlight, long floating hair, beautiful long floating dress, high saturation blue clouds and stars sky in the background, cold color,

(masterpiece),(wallpaper), (best quality), (best illuminate, best shadow), (best illustration), dynamic angle

26/75

worst quality, low quality, lowres, monochrome, artifacts, bad anatomy, bad proportions, multiple girls, text, watermark

Stable Diffusion 模型：SD XL Base 1.0
外挂 VAE 模型：SD XL VAE
迭代步数：30

采样方法：DPM++2M Karras
宽度 x 高度：1024x1024
提示词引导系数：7

## 实例关键词效果展示

种子数：
130531594

## 5.1.3 素描

　　素描就是使用单一的黑白灰色调来塑造对象的绘画方式，其起源可以追溯到古希腊时期的瓶绘、雕塑等艺术行为，之后从文艺复兴时期开始受到重视，作为学习油画的基本功，素描是初学者必须经过的阶段。

　　虽然古代的素描都是作为油画或其他类型绘画的底稿，或画家日常练习、收集素材或采风时的习作，但近些年，素描的地位已经大大提升，它被作为一种独立的艺术形式受到艺术家的青睐和广大艺术爱好者的喜爱。

### 常见的素描相关提示词参考

| 素描 | sketching | 肖像素描 | portrait sketching | C 形构图 | |
|------|-----------|----------|-----------------|----------|---|
| 铅笔素描 | pencil sketching | 建筑素描 | | C-shaped composition | |
| 木炭素描 | charcoal sketching | | architectural sketching | L 形构图 | |
| 碳素铅笔素描 | | 实用素描 | practical sketching | L-shaped composition | |
| carbon pencil sketching | | 素描纸 | sketching paper | S 形构图 | |
| 钢笔素描 | pen sketching | 比例 | proportion | S-shaped composition | |
| 毛笔素描 | brush sketching | 厚薄 | thick and thin | 正面光 | frontal lighting |
| 静物素描 | still life sketching | 明暗 | dark and light | 侧面光 | lateral lighting |
| 石膏像素描 | plaster cast sketching | 疏密 | sparse and dense | 三角光 | triangular lighting |
| 风景素描 | landscape sketching | 临摹 | copying | 偏侧光 | oblique lighting |
| 人体素描 | figure sketching | 强弱 | strong and weak | 对侧光 | contralateral lighting |
| 幻想素描 | imaginative sketching | 写生 | life drawing | 背面光 | back lighting |
| 人像素描 | portrait sketching | 亮度 | brightness | 一点透视 | |
| 动物素描 | animal sketching | 反映 | reflection | one-point perspective | |
| 粉笔素描 | pastel sketching | 空间 | space | 两点透视 | |
| 水墨素描 | ink sketching | 单个 | single | two-point perspective | |
| 轮廓 | outline | 组合 | combination | 三点透视 | |
| 线条 | lines | 亮面 | bright surface | three-point perspective | |

（续）

| 体积 | volume | 暗面 | dark surface | 横直线 | horizontal lines |
|---|---|---|---|---|---|
| 色调 | tone | 灰面 | grey surface | 竖直线 | vertical lines |
| 质感 | texture | 中间色调 | mid tone | 斜直线 | diagonal lines |
| 草稿 | draft | 三角形构图 | triangle composition | 弧线 | curved lines |
| 速写 | quick sketch | 四边形构图 | | 曲折线 | zigzag lines |
| 习作 | exercise | quadrilateral composition | | 短线 | short lines |
| 单色画 | | 圆形构图 | circular composition | 规则纹理 | regular texture |
| monochrome painting | | 水平式构图 | | 不规则纹理 | irregular texture |
| 高光 | highlight | horizontal composition | | 表面平滑 | smooth surface |
| 阴影 | shadow | 放射形构图 | radial composition | 表面粗糙 | rough surface |
| 写意素描 | freehand sketching | 井字形构图 | | 表面柔软 | soft surface |
| 写实素描 | realistic sketching | grid composition | | 表面坚硬 | hard surface |

## 实例关键词要点解析

内容提示词：Lora 模型"sketch_for_art_examination"，一个男孩，戴眼镜，特写，素描头像，黑和白。
背景和环境提示词：纯色背景，白色背景。
品控提示词：大师杰作，最佳质量，高分辨率，丰富细节，官方艺术，艺术学生作品，高对比度。
反向提示词：画布框架，最差质量，低质量，糟糕艺术，胡子，畸形，模糊，重复，糟糕的面部，错误的肢体结构，比例失衡，身体出框，头部出框，署名，水印，文本，网格图。

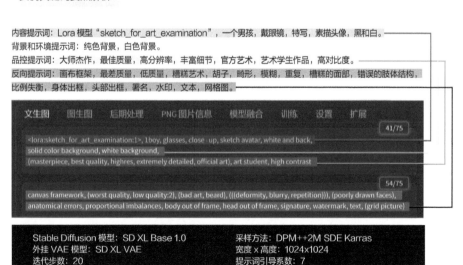

**实例关键词效果展示**

种子数:
3804038064

## 5.1.4 彩铅画

　　彩铅画就是用彩色铅笔塑造对象的绘画形式，如果说色粉画是素描中的炭笔工具向色彩转变的形式，那么彩铅画就是素描中的铅笔工具向色彩转变的形式，彩铅画则是以色彩的形式表现出了素描的技法。

　　彩铅画使用的彩铅包括蜡质和水溶两种，前者以蜡为基材制作，色彩质感强烈，必须按照先浅后深的顺序上色，否则无法完全覆盖；后者以碳为基材制作，色彩较为柔和，因其具有一定的水溶性，上色后使用水笔晕染会有水彩画的效果。

## 常见的彩铅画相关提示词参考

| | | | | | |
|---|---|---|---|---|---|
| 彩铅画 | | 单色渐变 | | 柔和光影 | soft lighting |
| colored pencil painting | | monochromatic gradient | | 清晰细节 | clear details |
| 彩色铅笔 | colored pencil | 双色渐变 | duotone gradient | 生动写实 | vivid realism |
| 蜡质彩铅 | | 多色渐变 | multicolored gradient | 色彩丰富 | colorful |
| waxy colored lead | | 刮蜡法 | sgraffito | 柔和色调 | soft tone |
| 水溶彩铅 | | 油水混合法 | oil and water mixture | 清新透明 | fresh and transparent |
| water-soluble colored pencil | | 点画法 | pointillism | 浓郁浸润 | rich saturation |
| 粉彩铅笔 | pastel pencil | 留白法 | leaving empty | 细腻渲染 | exquisite rendering |
| 粗纹纸 | | 水溶晕染法 | | 生动鲜明 | vivid and distinct |
| coarse-textured paper | | water-soluble blending | | 轻盈通透 | airy and translucent |
| 细纹纸 | fine-textured paper | 抛光法 | burnishing | 细腻入微 | intricate details |
| 横排线 | horizontal lines | 压印法 | impressing | 细密勾勒 | intricate outlining |
| 左斜排线 | | 压力遮光 | pressure shading | 温暖和煦 | warm and comforting |
| leftward slanting strokes | | 画底色法 | underpainting | 灵活生动 | lively and animated |
| 右斜排线 | | 阴影线法 | shadow line method | 自然流畅 | natural flow |
| rightward slanting strokes | | 绕圈法 | circling | 色彩浓烈 | intense colors |
| 竖排线 | vertical lines | 撒粉法 | powder dusting | 花朵彩铅画 | |
| 交叉线 | cross-hatching | 混合白铅笔 | white pencil blending | flower colored lead painting | |
| 斜向交叉线 | | 光学混合法 | optical mixing method | 水果彩铅画 | |
| diagonal cross-hatching | | 同类色 | analogous colors | fruit colored lead painting | |
| 曲线交叉线 | | 互补色 | | 植物彩铅画 | |
| curvilinear cross-hatching | | complementary colors | | plant colored lead painting | |
| 平涂法 | flat brush | 柔和过渡 | soft transition | 儿童彩铅画 | |
| 叠色法 | layering | 强调对比 | emphasize contrast | children colored lead painting | |
| 单色叠色 | | 突出轮廓 | outlining | 动物彩铅画 | |
| monochromatic layering | | 温和细腻 | gentle and delicate | animal colored lead painting | |
| 双色叠色 | | 丰富层次 | rich layers | 建筑彩铅画 | |
| duotone layering | | 精细纹理 | fine texture | architecture colored lead painting | |
| 多色叠色 | | 独特纹理 | unique texture | 道具彩铅画 | |
| multicolored layering | | 纯净明亮 | pure and bright | prop colored lead painting | |

## 实例关键词要点解析

内容提示词: Lora 模型 "Colored lead style", 盘子里有一串红樱桃, 单个盘子。
背景和环境提示词: 简单背景, 白色背景。
品控提示词: 大师杰作, 最佳质量, 高分辨率, 独创性, 极高细节的壁纸效果, 完美照明。
反向提示词: 最差质量, 低质量, 变形, 文字, 署名, 水印, 不适宜内容, 普通质量, 低分辨率, 丑陋, 单色, 灰色, 模糊, 网格图。

| 文生图 | 图生图 | 后期处理 | PNG 图片信息 | 模型融合 | 训练 | 设置 | 扩展 |
|---|---|---|---|---|---|---|---|

42/75

\<lora:Colored lead style_v1.0:1\>, a string of red cherries on the plate, solo plate, simple background, white background,
(masterpiece:1.2), best quality, masterpiece, highres, original, extremely detailed wallpaper, perfect lighting,

44/75

(worst quality:2.0),(low quality:2.0), deformed, text, signature, watermark, NSFW, (worst quality:2), (low quality:2), (normal quality:2), lowres, (ugly:1.331), ((monochrome)), ((grayscale)), blurry, grid picture

| Stable Diffusion 模型: SD XL Base 1.0 | 采样方法: DPM++SDE Karras |
|---|---|
| 外挂 VAE 模型: SD XL VAE | 宽度 x 高度: 1024x1024 |
| 迭代步数: 30 | 提示词引导系数: 7 |

## 实例关键词效果展示

种子数:
3114535008

## 5.1.5 钢笔画

钢笔画就是使用钢笔进行作画的艺术形式，既可以使用常见的普通钢笔，也可以使用特制的灌注或蘸取墨水的金属笔，通过不同长短和粗细的线条变化来塑造物体，通过不同深浅和疏密的线条安排来创建立体感，概括整体或刻画细节均可，具有独特的美感。

钢笔画的种类很多，且不仅仅局限于黑白灰的钢笔画，还包括淡彩钢笔画和彩色钢笔画，除此之外，还衍生了多种不同风格，如写实风格的钢笔画、插画风格的钢笔画、用于动画设计的钢笔画和速写钢笔画等。

**常见的钢笔画相关提示词参考**

| 钢笔画 | pen painting | 轮廓线 | outline | 断续线条 | intermittent lines |
|---|---|---|---|---|---|
| | pen drawing | 横直线 | | 卡纸 | cardstock |
| 普通钢笔 | regular fountain pen | horizontal straight lines | | 纤维板纸 | fiberboard paper |
| | regular pen | 竖直线 | vertical straight lines | 写实钢笔画 | realistic pen drawing |
| 特制钢笔 | special fountain pen | 横抖线 | | 彩色钢笔画 | color pen drawing |
| | special pen | horizontal shaking lines | | 淡彩钢笔画 | |
| 美工笔 | calligraphy pen | 竖抖线 | vertical shaking lines | watercolor pen painting | |
| 蘸水笔 | dig pen | 曲线 | curves | 钢笔插画 | pen illustration |
| 针管笔 | needle tube pen | 弧线 | arcs | 钢笔速写 | pen sketch |
| 中性笔 | gel pen | 折线 | folds | 钢笔动画 | pen animation |
| 羽毛笔 | quill | 平行线 | parallel lines | 肖像钢笔画 | portrait pen drawing |
| 芦苇笔 | reed pen | 横平行线 | | 静物钢笔画 | still life pen drawing |
| 金属笔 | metal pen | horizontal parallel lines | | 风景钢笔画 | |
| 纤维笔 | fiber pen | 竖平行线 | vertical parallel lines | landscape pen drawing | |
| 毡尖笔 | felt-tipped pen | 斜平行线 | slanting parallel lines | 建筑钢笔画 | |
| 墨水 | ink | 平行曲线 | parallel curves | architectural pen drawing | |
| 黑炭墨水 | black carbon ink | 平行弧线 | parallel arcs | 形象鲜明 | distinctive image |
| 棕色墨水 | brown ink | 平行折线 | parallel folds | 绘制快速 | draw quickly |

（续）

| 化学墨水 | chemical ink | 交叉线 | crossing lines | 清洁成分 | clean composition |
| --- | --- | --- | --- | --- | --- |
| 钢笔墨水 | fountain pen ink | 交错线 | intersecting lines | 线条刚劲 | bold lines |
| 水性墨水 | aqueous ink | 波浪线 | wavy lines | 用笔果断 | be decisive with a pen |
| 红色墨水 | red ink | 随意线 | random lines | 对比强烈 | strong contrast |
| 蓝色墨水 | blue ink | 点 | dot | 独具魅力 | charming |
| 黑色墨水 | black ink | 稀疏线条 | sparse lines | 富有创意 | creative |
| 绿色墨水 | green ink | 稠密线条 | dense lines | 紧凑 | compact |
| 紫色墨水 | purple ink | 粗线条 | thick lines | 有力 | powerful |
| 黄色墨水 | yellow ink | 细线条 | thin lines | 深邃 | profound |
| 橙色墨水 | orange ink | 长线条 | long lines | 准确 | precise |
| 青色墨水 | cyan ink | 短线条 | short lines | 精细 | delicate |
| 深蓝墨水 | dark blue ink | 流畅线条 | flowing lines | 沉稳 | steady |

## 实例关键词要点解析

内容提示词: Lora 模型 "skrmk"，钢笔，墨水，素描，复古汽车，前倾视角，低视角，夜晚，城市。
背景和环境提示词: 街道背景，建筑物背景。
品控提示词: 单色，插图，大师杰作，最佳质量，超高分辨率，景深，散焦，获奖作品，高细节，颗粒感，模糊运动，条纹光线，超现实，重影效果。
反向提示词: 最差质量，低质量，变形，文字，署名，不适宜内容，低分辨率，失真。

| 文生图 | 图生图 | 后期处理 | PNG 图片信息 | 模型融合 | 训练 | 设置 | 扩展 | | |
| --- | --- | --- | --- | --- | --- | --- | --- | --- | --- |

70/75

<lora:skrmk05:3>, pen, ink, sketch, retrofuturistic car, (front angled view:0.5), low view, night, city, street background, building background,
monochrome, (illustration:1.3), (masterpiece:1.1), (best quality:1.1), (ultra highres:1.1), depth of field, bokeh, award-winning, highly detailed, grainy, blurry motion, streaks of light, surreal, ghosting effect

20/75

(worst quality:2.0),(low quality:2.0), deformed, text, signature, NSFW, lowres, distorted

Stable Diffusion 模型: SD XL Base 1.0 　　　采样方法: DPM++2M SDE Karras
外挂 VAE 模型: SD XL VAE 　　　宽度 x 高度: 1024x1024
迭代步数: 30 　　　提示词引导系数: 7

实例关键词效果展示

种子数:
1575001984

## 5.2 雕塑

雕塑是一种以特定物质和方式制作立体形象的艺术类别,石头雕塑就是使用石头创作的雕塑,因其厚重而不容易被盗窃,且材质坚硬耐风化,可以抵抗外界的风吹雨打,所以很多石头雕塑都可以被放置在户外环境中。

### 5.2.1 石头雕塑

由于东西方文化的差异,对待石头雕塑的态度也截然不同。在西方美术中,石雕与其他雕塑一样被看作是艺术的一个类别,石雕家也被看作艺术家；在中国美术中，最早从事石雕的人被称为工匠，作品表达个人思想的空间也很少，近代才有所改善。

### 常见的石头雕塑相关提示词参考

| | | | | | |
|---|---|---|---|---|---|
| 石雕 | stone sculpture | 直接石雕 | direct carving | 方尖碑石雕 | obelisk stone carving |
| 石头 | stone | 间接石雕 | indirect carving | 幻想石雕 | fantasy stone carving |
| 天然石材 | | 刻字石雕 | | 乐山大佛 | |
| natural stone | | lettering stone carving | | the Leshan Giant Buddha | |
| 皂石 | soapstone | 石雕墓碑 | | 阿武卡纳佛像 | |
| 雪花石膏 | alabaster | stone carving tombstone | | the Avukana Buddha statue | |
| 蛇纹石 | serpentine | 动物石雕 | animal stone carving | 阿布辛贝神庙浮雕 | |
| 石灰岩 | limestone | 人像石雕 | human stone carving | reliefs at the Abu Simbel temple | |
| 砂岩 | sandstone | 野兽石雕 | wildlife stone carving | 亚伯拉罕·林肯大理石雕像 | |
| 大理石 | marble | 佛像石雕 | buddha statue stone carving | Statue of Abraham Lincoln | |
| 洞石 | travertine | 神话石雕 | | 禁卫军大理石浮雕 | |
| 花岗岩 | granite | mythological stone carving | | marble relief of the imperial guard | |
| 玄武岩 | basalt columns | 宗教石雕 | | 泰姬陵 | Taj Mahal |
| 粗石 | fieldstone | religious stone carving | | 石舫 | Marble Boat |
| 人造石 | artificial stone | 抽象石雕 | | 断臂的维纳斯 | |
| 科德石 | coade stone | abstract stone carving | | Venus de Milo | |
| 维多利亚石 | Victoria stone | 花纹石雕 | | 布拉格城堡方尖碑 | |
| 青石 | bluestone | patterned stone carving | | the Obelisk at Prague Castle | |
| 板岩 | slate | 装饰石雕 | | 狮子纪念碑 | Lion Monument |
| 未完成石雕 | | decorative stone carving | | 古罗马石棺 | |
| unfinished stone statue | | 实用器石雕 | | Ancient Roman sarcophagi | |
| 粗加工石雕 | | practical stone carving | | 门农巨石像 | |
| roughed stone carving | | 巨型石雕 | giant stone carving | the Colossi of Memnon | |
| 精加工石雕 | refining stone carving | 石雕建筑 | | 复活节岛的摩艾石像 | |
| 岩石雕刻 | rock engraving | stone carved architecture | | the Moai stone statue on easter is land | |
| 岩画 | petroglyph | 纪念碑石雕 | | 亚美尼亚十字石 | |
| 岩石浮雕 | rock relief | monument stone carving | | Armenian cross stone | |

## 实例关键词要点解析

内容提示词：Lora 模型"stone_statue"，底座上有一尊灰色石像龙，单独的，全身像。
背景和环境提示词：简单背景，白色背景，白色墙壁背景，模糊背景。
品控提示词：大师杰作，最佳质量，高分辨率，极高细节的壁纸效果，模型拍摄风格，最美丽的艺术品，焦点清晰。
反向提示词：其他雕像，最差质量，低质量，普通质量，低分辨率，错误比例，模糊，丑陋，粗糙绘制，变形，伪影，文字，水印，不适宜内容。

| 文生图 | 图生图 | 后期处理 | PNG 图片信息 | 模型融合 | 训练 | 设置 | 扩展 |
|---|---|---|---|---|---|---|---|

53/75

<lora:stone_statue:0.5>, a dragon as a gray stone statue on a pedestal, (solo:2), full body,
simple background, white background, white wall background, blurry background,
(masterpiece, best quality:1.2), highres, extremely detailed wallpaper, modelshoot style, most beautiful artwork, sharp focus

36/75

other statue, (worst quality:2), (low quality:2), (normal quality:2), lowres, bad proportions, blurry, ugly, poorly drawn, deformed, artifacts, text, watermark, NSFW

| Stable Diffusion 模型：majicmixRealistic | 采样方法：DPM2 Karras |
|---|---|
| 外挂 VAE 模型：无 | 宽度 x 高度：1024x1024 |
| 迭代步数：20 | 提示词引导系数：10 |

## 实例关键词效果展示

种子数：
1372607131

## 5.2.2　石膏雕塑

石膏雕塑也就是以石膏为原料制作的雕塑，但通常不会有艺术家直接使用石膏进行雕刻，而是对已有的石质、泥质等雕塑进行翻刻，得到原雕塑的复制品并用于展示、教学、出售等用途。

我们在学习美术的过程中最开始接触的石膏像就是石膏雕塑中占比很大的一部分，由于其纯白的颜色和光滑的质感十分适合在素描中展现清晰的黑白灰色调，且因其价格低廉、易于复制和长久保存，所以在室内环境中的使用率非常高。

**常见的石膏雕塑相关提示词参考**

| 石膏像 | plaster statue | 高尔基胸像 | Gorky Bust | 赫拉克勒斯胸像 | |
| --- | --- | --- | --- | --- | --- |
| 石膏模型 | plaster cast | 高乃依胸像 | Pierre Corneille Bust | Hercules Bust | |
| 人物石膏像 | figure plaster statue | 加塔梅拉塔形象 | | 阿诗玛胸像 | Ashima Bust |
| 动物石膏像 | animal plaster statue | Gattamelata Avatar | | 维鲁斯形象 | Verrus Avatar |
| 宗教石膏像 | | 鲁迅胸像 | Lu Xun Bust | 贝多芬胸像 | Beethoven Bust |
| religious plaster statue | | 罗马王胸像 | Rois de Rome Bust | 笑娃胸像 | Laughing boy Bust |
| 抽象石膏像 | | 巴特农形象 | Bartolomeo Avatar | 哭娃胸像 | Crying boy Bust |
| abstract plaster statue | | 米开朗基罗像 | | 海军战士胸像 | |
| 自然石膏像 | natural plaster statue | Michelangelo Bust | | Naval warrior Bust | |
| 儿童石膏像 | | 亚历山大大帝形象 | | 思考女孩胸像 | |
| children plaster statue | | Alexander the Great Avatar | | Contemplative girl Bust | |
| 石膏挂像 | | 柏拉图胸像 | Plato Bust | 面冠夫人胸像 | |
| plaster hanging statue | | 摩西胸像 | Moses Bust | Lady with a veil Bust | |
| 石膏形象 | plaster avatar statue | 卡拉卡拉胸像 | | 罗马少女胸像 | |
| 石膏胸像 | plaster bust statue | Caracalla Bust | | Roman maiden Bust | |
| 石膏全身像 | | 古罗马战神玛尔斯胸像 | | 西洋少女胸像 | |
| plaster full body statue | | Mars of ancient Roman Bust | | Western girl Bust | |

（续）

| 塞内卡胸像 | Seneca Bust | 朱利亚诺·美第奇胸像 | | 贞德胸像 | Joan of Arc Bust |
|---|---|---|---|---|---|
| 阿格里巴胸像 | | Giuliano de Medici Bust | | 琴女胸像 | Lyre player Bust |
| Agrippa Bust | | 阿波罗胸像 | Apollo Bust | 茶花女胸像 | Camille Bust |
| 大卫全身像 | | 雅典娜胸像 | Athena Bust | 观音胸像 | Avalokitesvara Bust |
| David full body Statue | | 阿里阿德涅胸像 | | 男青年形象 | Young man Avatar |
| 拉奥孔胸像 | Laocoon Bust | Ariadne Bust | | 阿克利伯胸像 | |
| 马赛胸像 | Marseilles Bust | 罗马青年胸像 | | Akleber Bust | |
| 布鲁特斯胸像 | | Roman youth Bust | | 贝尼尼胸像 | Bernini Bust |
| Brutus Bust | | 荷马胸像 | | 塔吉克新娘胸像 | |
| 阿波罗胸像 | Apollo Bust | Homer Bust | | Tajik bride Bust | |
| 维纳斯全身像 | | 伏尔泰胸像 | Voltaire Bust | 丘比特全身像 | |
| Venus de Milo full body Statue | | 吉罗拉莫胸像 | | Cupid full body Statue | |
| 莫里哀胸像 | Moliere Bust | Girolamo Bust | | 牧童胸像 | Shepherd Boy Bust |

## 实例关键词要点解析

内容提示词：Lora 模型"PlasterBust"，一尊六十岁老人的石膏半身像，单独的石膏雕像，雕刻的白发，白色的粗糙皮肤，白色的眼睛，白色的嘴唇，白色的底座。

背景和环境提示词：简单背景，白色和灰色背景。

品控提示词：大师杰作，最佳质量，高分辨率，极高细节，明暗对比强烈。

反向提示词：光滑表面，其他物体，彩色眼睛，彩色嘴唇，最差质量，低质量，低分辨率，错误比例，模糊，文字。

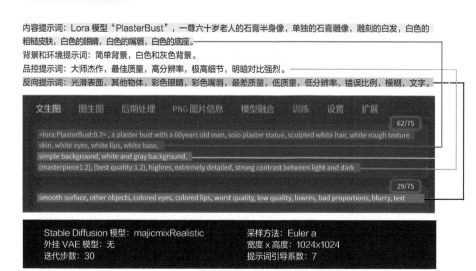

**实例关键词效果展示**

种子数：
4008379791

## 5.2.3　金属雕塑

　　金属雕塑一般使用浇铸工艺或锻造工艺制作，其中浇铸工艺分为失蜡铸造法和陶壳铸造法，前者历史悠久，后者则是现代工艺的新技术，目前更为流行。而锻造工艺则来自于早期对金银材料进行手工捶打、锻制、錾刻技术。

　　金属雕塑中所使用的金属大部分会选择青铜或以铜为主的合金材料，其次也会选择铝和不锈钢，前者价格低、重量轻、熔点低，但外观略显单调且容易被氧化；后者经久耐用，坚固性和光泽性都很好，但容易给人冰冷生硬的感觉。

## 常见的金属雕塑相关提示词参考

| 金属雕塑 | metal sculpture | 柏林金帽子 | Berlin Gold Hat | 黄铜雕塑 | brass sculpture |
|---|---|---|---|---|---|
| 金属雕像 | metal statues | 金属方尖碑 | metal obelisk | 大道上的狂欢 | |
| | | 马德里银行方尖碑 | | Jammin' on the Avenue | |
| 金属制品 | metalwork | The obelisk of the Bank of Madrid | | 和平原子雕塑 | |
| 金属艺术品 | metal artwork | 犹他巨石金属柱 | | Sculpture of Peace Atoms | |
| 青铜雕塑 | bronze sculpture | Utah Stonehenge metal pillar | | 他们的灵魂环绕地球 | |
| 铝合金雕塑 | | 青铜之门 | bronze Gate | Their Spirits Circle the Earth | |
| aluminum alloy sculpture | | 伯恩沃德门 | Bernward Gate | 青铜雕塑 | bronze sculpture |
| 不锈钢雕塑 | | 哥伦布门 | Columbus Gate | 小美人鱼 | |
| stainless steel sculpture | | 上海外滩公牛雕像 | | The Little Mermaid | |
| 铸铁雕塑 | cast iron sculpture | Shanghai Bund Bull Statue | | 高地玛丽雕像 | |
| 镀金 | gilding | 甘肃青铜奔马 | | Highland Mary | |
| 抛光 | polishing/buffing | Bronze Running Horse of Gansu | | 狮与蛇 | |
| 拉丝金属 | brushed metal | 迪士尼乐园讲故事的人雕像 | | Lion with a Snake | |
| 铜绿 | patina | Storytellers of Disneyland | | 锁紧件 | |
| 镂空 | Hollow out | 纽约非暴力雕塑 | | Locking Piece | |
| 镶嵌 | inlay | New York Nonviolent Sculpture | | 路德纪念碑 | |
| 蚀刻 | etching | 香港麦兜雕像 | | Luther an Monument | |
| 金属浮雕 | metal relief | Statue of McDull，Hong Kong | | 靴子漏水的男孩 | |
| 巨型金属雕塑 | | 香港电影金像奖雕像 | | The Boy with the Leaking Boot | |
| colossal metal statue | | Hong Kong Film Awards statue | | 老树 | |
| 户外金属雕塑 | | 青铜佛像 | bronze buddha statue | The Old Tree | |
| outdoor metal statue | | 灵山大佛 | | 三种阴影 | |
| 中国青铜器 | Chinese bronzes | Grand Buddha at Ling Shan | | The Three Shades | |
| 秦青铜战车 | Qin bronze chariot ware | 镰仓大佛 | | 多拉·玛尔 | |
| 后母戊鼎 | Houmu Wuding | The Great Buddha of Kamagaya | | Dora Maar | |
| 四羊方尊 | | 释迦牟尼佛像 | | 家庭群像 | |
| Square Zun with Four sheep | | Sakyamuni buddha | | Family Group | |
| 特伦霍尔姆太阳战车 | | 不丹金刚座释迦牟尼佛像 | | 两个工人 | |
| Trundholm sun chariot | | Great Buddha Dordenma statue | | Two Working Men | |

## 实例关键词要点解析

内容提示词: Lora 模型"bronze_statue",一头凶猛强壮的青铜狮子雕像,单个雕像,在公园中心的基座上,全身。
背景和环境提示词: 草地背景,天空背景,建筑背景,模糊背景。
品控提示词: 大师杰作,最佳质量,高分辨率,极高细节,模型拍摄风格,焦点清晰。
反向提示词: 其他雕像,画布框架,不适宜内容,最差质量,低质量,低分辨率,糟糕的艺术,错误的肢体结构,错误比例,出框,重复,损毁,残缺,模糊,文字,水印。

| 文生图 | 图生图 | 后期处理 | PNG 图片信息 | 模型融合 | 训练 | 设置 | 扩展 |

56/75

<lora:bronze_statue:0.5>, a fierce and strong lion as a bronze statue, solo statue, in the middle of park, on a base, full body, grass background, sky background, building background, blurry background,
(masterpiece:1.2), (best quality:1.2), highres, extremely detailed, modelshoot style, sharp focus

45/75

other statues, canvas frame, NSFW, (worst quality, low quality:2), lowres, bad art, bad anatomy, bad proportions, out of frame, duplicate, disfigured, mutilated, blurry, text, watermark

Stable Diffusion 模型: majicmixRealistic　　　采样方法: DPM++SDE Karras
外挂 VAE 模型: 无　　　　　　　　　　　　宽度×高度: 1024x1024
迭代步数: 30　　　　　　　　　　　　　　提示词引导系数: 6.5

## 实例关键词效果展示

种子数:
23778532

## 5.2.4　木刻雕塑

木雕的历史十分悠久，西方木雕起源于古希腊和古罗马时期，我国木雕甚至能追溯到距今七千多年前的河姆渡文化，某战国大墓中也出土了用于镇墓的兽形木雕。

早期的木雕作品大部分都是与宗教主题相关，如雕刻宗教人物、装饰宗教场所、营造宗教建筑等，之后开始逐步走向民间，呈现出多元化的发展，除了家具、屋檐、门窗这种实用性的木雕之外，还有工艺木雕和艺术木雕等不同品类。

**常见的木刻雕塑相关提示词参考**

| 木雕 | wood carving | 木板印刷 | woodblock printing | 木雕图腾柱 | |
|---|---|---|---|---|---|
| | wooden sculpture | 木刻版画 | wood engraving | wooden carved totem pole | |
| | | | woodcut | 温哥华海达图腾柱 | |
| 木质人物 | wooden characters | 天启四骑士 | | Vancouver Haida totem pillar | |
| 木质物品 | wooden object | The Four Horsemen | | 西雅图特林吉特图腾柱 | |
| 木质装饰品 | | 神奈川冲浪里 | | Tlingit totem pole in Seattle | |
| wooden ornamentation | | The Great Wave off Kanagawa | | 阿拉斯加乌鸦图腾柱 | |
| 切屑雕刻 | chip carving | 彩色木刻佛像 | | Alaska crow Totem pillar | |
| 匙雕 | spoon carving | Coloured woodcut Buddha | | 木雕家具 | |
| 浮雕 | relief carving | 达勒卡利亚马 | | wooden carved furniture | |
| 高浮雕 | high relief | Dalecarlian horse | | 巴洛克式木雕扶手椅 | |
| 中浮雕 | medium relief | 木雕菩萨 | | Baroque woodcarving armchair | |
| 浅浮雕 | bas relief | A wooden Bodhisattva | | 中式木雕屏风 | |
| 镂空浮雕 | pierced relief | 猫头鹰邮报 | | Chinese style woodcarving screen | |
| 斯堪的纳维亚平面风格 | | Owl Post | | 洛可可式木雕梳妆台 | |
| Scandinavian graphic style | | 山羊木雕 | | Rococo style wooden carving dressing table | |
| 切削 | whittling | Goats carved in wood | | 木雕玩具 | wooden carved toy |

（续）

| 飞溅削 | splash whittling | 温莎城堡女王的野兽 | | 木制鲁班锁 | wooden luban lock |
|---|---|---|---|---|---|
| 电锯雕刻 | chainsaw carving | Queen's beast at Windsor Castle | | 木制陀螺 | wooden dreidel |
| 椴木 | basswood | 索菲亚·伊斯伯格自画像 | | 木制积木 | wooden block |
| 紫树 | tupelo wood | Self Portrait by Sophia Isberg | | 木制家居用品 | |
| 栗木 | chestnut wood | 阿拉伯式花纹 | | wooden carved household item | |
| 胡桃木 | butternut wood | Arabesque | | 木制鼻烟盒 | |
| 栎木 | oak wood | 洛夫《旋转木马》 | | wooden carved snuff box | |
| 桃花心木 | mahogany wood | Merry-go-round | | 木制树节碗 | |
| 柚木 | teak wood | 施洗者圣约翰 | | wooden carved tree joint bowl | |
| 悬铃木 | sycamore wood | Saint John the Baptist | | 木制水禽诱饵 | |
| 松木 | pine wood | 139 号 | | woodcarving waterfowl decoy | |
| 苹果木 | apple wood | Number 139 | | 微缩木雕艺术 | |
| 梨木 | pear wood | 木雕爱情勺 | wooden carved lovespoon | miniature woodcarving art | |

## 实例关键词要点解析

内容提示词: Lora 模型"woodfigurez", 焦点是令人惊叹的木刻女王, 上半身, 看向观众, 艺术风格, 对称。
背景和环境提示词: 棋盘背景, 白色背景, 模糊背景。
品控提示词: 大师杰作, 最佳质量, 高分辨率, 极高细节。
反向提示词: 不适宜内容, 最差质量, 低质量, 普通质量, 低分辨率, 单色, 发灰, 糟糕的艺术, 重复, 损毁, 残缺, 模糊, 文字, 水印, 署名。

| 文生图 | 图生图 | 后期处理 | PNG 图片信息 | 模型融合 | 训练 | 设置 | 扩展 |
|---|---|---|---|---|---|---|---|

40/75

<lora:woodfigurez-sdxl:1>, amazing looking wooden queen in focus, upper body, looking at viewer, artistic style, symmetry, chessboard background, white background, blurry background, (masterpiece:1.2), (best quality:1.2), highres, extremely detailed

42/75

NSFW, (worst quality:2), (low quality:2), (normal quality:2), lowres, normal quality, ((monochrome)), ((grayscale)), bad art, duplicate, disfigured, mutilated, blurry, text, watermark, signature

| | |
|---|---|
| Stable Diffusion 模型: SD XL Base 1.0 | 采样方法: DPM++2M Karras |
| 外挂 VAE 模型: SD XL VAE | 宽度 x 高度: 1024x1024 |
| 迭代步数: 30 | 提示词引导系数: 7 |

**实例关键词效果展示**

种子数:
1536469376

## 5.3　其他

地球上存在的材料种类难以计数，不论是天然的，还是人工合成的，都有其不同的特征，这里只能列举其中较为常见的几个供大家参考。

### 5.3.1　塑料

塑料是一种高分子化合物，其主要成分是树脂，树脂含量的多少和添加剂的类型决定了最终成型塑料的性质。在当今社会，塑料制品已经成为我们生活中不可或缺的东西，环顾四周，不论何时何地，人人都能找到几样塑料制成的物品。

**常见的塑料相关提示词参考**

| 塑料 | plastic | 塑料垃圾桶 | plastic trash can | 塑料卡 | plastic card |
|---|---|---|---|---|---|
| 塑料制品 | plastic product | 塑料按钮 | plastic button | 塑料托盘 | plastic pallet |
| 塑料袋 | plastic bag | 塑料面具 | plastic mask | 塑料模型 | plastic model |
| 塑料瓶 | plastic bottle | 塑料尺子 | plastic ruler | 塑料拉链 | plastic zipper |
| 塑料杯 | plastic cup | 塑料铅笔盒 | plastic pencil case | 塑胶手套 | plastic glove |
| 塑料薄膜 | plastic film | 塑料手环 | plastic wrist band | 塑料梳子 | plastic comb |
| 塑料保鲜膜 | plastic wrap | 塑料风车 | plastic pinwheel | 塑料花 | plastic flower |
| 塑料包装 | plastic package | 塑料手机壳 | plastic phone case | 塑料钟表 | plastic clock |
| 塑料吸管 | plastic drinking straw | 塑料餐巾盒 | plastic tissue box | 塑料木材 | plastic wood |
| 塑料椅 | plastic chair | 塑料支架 | plastic stand | 塑料凳 | plastic stool |
| 塑料桶 | plastic bucket | 塑料衣架 | plastic hanger | 塑料水壶 | plastic kettle |
| 塑料勺 | plastic spoon | 塑料雨衣 | plastic raincoat | 塑料浴盆 | plastic bathtub |
| 塑料盆 | plastic basin | 塑料滑梯 | plastic slide | 塑料挂钩 | plastic hook |
| 塑料碗 | plastic bowl | 塑料广告牌 | plastic billboard | 塑料凉鞋 | plastic sandal |
| 塑料篮 | plastic basket | 塑料花盆 | plastic flower pot | 塑料玩具 | plastic toy |
| 塑料筐 | plastic crate | 塑料雕塑 | plastic sculpture | 塑料拼图 | plastic puzzle |
| 塑料箱 | plastic box | 塑料雕像 | plastic statue | 塑料泡泡枪 | plastic bubble gun |
| 塑料管 | plastic pipe | 塑料工艺品 | plastic craftwork | 塑料七巧板 | plastic tangram |
| 塑料片 | plastic sheet | 塑料发卡 | plastic hairpin | 塑料洋娃娃 | plastic doll |
| 塑料桌 | plastic table | 塑料屏幕 | plastic screen | 塑料士兵 | plastic soldier |
| 塑料罐 | plastic jug | 塑料头盔 | plastic helmet | 塑料珠子 | plastic bead |
| 塑料纸 | plastic paper | | | 塑料积木 | plastic block |
| 塑料夹 | plastic clip | 塑胶路 | plastic road | 塑料模型车 | plastic model car |
| 塑料框 | plastic frame | 人工草坪 | jardiniere | 塑料呼啦圈 | plastic hula hoop |
| 塑料绳 | plastic rope | 塑料废物 | waste plastic | 手工塑料 | plastic handmade |
| 塑料帘 | plastic curtain | 塑料污染 | plastic pollution | 塑料乐高 | plastic Lego |
| 塑料餐具 | plastic cutlery | 塑料回收 | plastic recycling | 塑料飞盘 | plastic frisbee |

## 实例关键词要点解析

内容提示词：现实风格，摄影效果，电影照片，塑料杯，整齐地排列在桌子上，透明的，五颜六色，如红色、蓝色、紫色、橙色和绿色。

背景和环境提示词：简单背景，白色墙壁背景，模糊背景。

品控提示词：大师杰作，最佳质量，高分辨率，极高细节的壁纸效果，完美照明。

反向提示词：不适宜内容，最差质量，低质量，普通质量，低分辨率，丑陋，文字，水印。

| 文生图 | 图生图 | 后期处理 | PNG 图片信息 | 模型融合 | 训练 | 设置 | 扩展 |

64/75

realistic, photographic, cinematic photo, plastic cups, neatly arranged on the table, transparent, variety of colors, such as red, blue, purple, orange, and green,

simple background, white wall background, blurry background,

(masterpiece:1.2), best quality, masterpiece, highres, extremely detailed wallpaper, perfect lighting

23/75

NSFW, (worst quality:2), (low quality:2), (normal quality:2), lowres, normal quality, (ugly:1.331), text, watermark

| Stable Diffusion 模型：SD XL Base 1.0 | 采样方法：DPM++2M Karras |
| 外挂 VAE 模型：SD XL VAE | 宽度 x 高度：1024x1024 |
| 迭代步数：30 | 提示词引导系数：7 |

## 实例关键词效果展示

种子数：
84239023

## 5.3.2 沙土

　　沙土就是含有沙子的土地，大面积的沙化土壤往往是自然因素和人为因素双重作用下形成的，不够湿润的气候环境、人类对于植被的砍伐等都使得形成完整土壤的过程被阻断，只能保留沙土的状态。

　　沙土通常表现出土质较为疏松、易于透水透气，但有机质含量少，不适合大部分植物生长，也不适合大部分动物生存，但有时也会成为一种特定的地貌，如沙漠、沙滩等，在不同的环境下就会呈现出沙土不一样的形状、颜色和美感。

**常见的沙土相关提示词参考**

| 沙土 | sandy soil | 马耳他拉姆拉湾（橙沙） | | 沙子山 | sand mountain |
|---|---|---|---|---|---|
| 沙滩 | sandy beach | Ramla Bay, Malta | | 沙子隧道 | sand tunnel |
| 海滩 | beach | 夏威夷帕帕科利亚海滩（绿沙） | | 沙天使 | sand angel |
| 受保护海滩 | Protected beach | Papakolea Beach, Hawaii | | 耙沙 | sand raking |
| 海岸线 | shoreline | 新西兰卡特斯海滩（灰沙） | | 海滩壁画 | beach mural |
| 野生海滩 | wild beach | Carters Beach, New Zealand | | 沙玻璃 | sand glass |
| 人工海滩 | artificial beach | 细沙 | fine sand | 沙瓶 | sand bottle |
| 白沙滩 | white sandy beach | 中沙 | medium sand | 沙子动画 | sand animation |
| 浅色沙滩 | | 粗沙 | coarse sand | 沙画 | sandpainting |
| light-colored sandy beach | | 城市海滩 | urban beach | 西藏沙画 | Tibetan sandpainting |
| 热带白沙滩 | | 沙滩运动 | beach sport | 沙曼陀罗 | sand mandala |
| tropical white sandy beach | | 沙滩篮球 | beach basketball | 日本托盘沙画 | |
| 粉红色珊瑚沙滩 | | 沙滩板球 | beach cricket | Japanese tray picture | |
| pink coral sandy beach | | 沙滩手球 | beach handball | 格鲁吉亚沙画 | |
| 黑色沙滩 | black sandy beach | 沙滩排球 | beach volleyball | Georgian sandpainting | |
| 红色沙滩 | red sandy beach | 沙滩足球 | beach soccer | 沙地毯 | sand carpet |

（续）

| 橙色沙滩 | orange sandy beach | 沙滩摔跤 | beach wrestling | 沙漏 | hourglass |
|---|---|---|---|---|---|
| 绿色沙滩 | green sandy beach | 沙滩网球 | beach tennis | | |
| 灰色沙滩 | grey sandy beach | 海滩小屋 | beach hut | 沙台 | sandtable |
| 黄色沙滩 | yellow sandy beach | 海滩家具 | beach furniture | 滑沙 | sand skating |
| 澳大利亚海姆斯海滩（白沙） | | 海滩遮阳伞 | beach parasols | 沙涌 | sand boil |
| Hyams Beach, Australia | | 袖珍海滩 | pocket beach | 沙火山 | sand volcano |
| 西班牙卡斯特尔德费尔斯海滩（黄沙） | | 化石海滩 | fossil beach | 沙尘暴 | sand storm |
| Castelldefels Beach, Spain | | 沙子游戏 | sand game | 沙瀑布 | sand fall |
| 阿斯特伍德公园百慕大海滩（粉沙） | | 沙子艺术 | sand art | 沙洲 | sand Bar |
| Bermuda's beach, Astwood Park | | 沙堡 | sand castle | 沙间歇泉 | sand geyser |
| 阿胡伊海滩（黑沙） | | 滴水沙堡 | drip sand castle | | |
| Ajuy's Beach | | 沙雕 | sand sculpture | 沙丘 | sand dune |
| 圣托里尼岛柯基尼海滩 | | 沙塔 | sand tower | 采砂 | sand quarrying |
| Santorini's Kokkini Beach | | 沙坑 | sand pit | 砂岩 | sandstone |

## 实例关键词要点解析

内容提示词：现实风格，摄影效果，电影照片，沙子，沙滩上的沙滩城堡，特写。————
背景和环境提示词：海洋背景，蓝天背景，模糊背景。————
品控提示词：大师杰作，最佳质量，高分辨率，极高细节的壁纸效果，完美照明。————
反向提示词：不适宜内容，最差质量，低质量，普通质量，低分辨率，丑陋，文字，水印。————

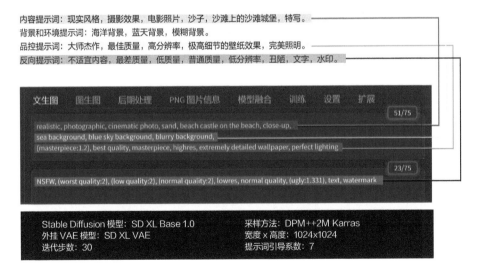

**实例关键词效果展示**

种子数:
1759516194

### 5.3.3　丝绸

　　古代丝绸就是指以纯蚕丝为原料的纺织品, 到了现代, 可用于纺织的原料不断增加, 对于丝绸的定义也不再局限于纯蚕丝, 而是认为只要经线是人造或天然长丝纤维的都可以被称为丝绸。

　　丝绸是中国古代劳动人民的伟大发明, 正是由于丝绸在西方国家的闻名, 才开启了"丝绸之路"的商贸往来。说起丝绸, 人们最普遍的印象便是面料光滑平整, 质感轻薄柔软, 需要精心养护, 否则容易褶皱和磨损。除了最常见的制作衣物之外, 丝绸还可以用作书写载体和室内装饰, 也被用于许多工业和商业产品之中。

## 常见的丝绸相关提示词参考

| 丝绸 | silk | 丝绸半裙 | silk half skirt | 松树 | pine tree |
|---|---|---|---|---|---|
| 纺绸 | spun silk | 丝绸方巾 | silk square | 菊花 | chrysanthemum |
| 雪纺 | chiffon | 丝绸围巾 | silk scarf | 桃花 | peach blossom |
| 绉纱 | crepe | 丝绸手帕 | silk handkerchief | 牡丹花 | peony |
| 纱布 | gauze | 丝绸披肩 | silk shawl | 梅花 | plum blossom |
| 生丝 | raw silk | 丝绸领带 | silk tie | | |
| 欧根纱 | organza | 丝绸晚宴包 | silk dinner bag | 石榴 | pomegranate |
| 软缎 | soft satin | 丝绸内衣 | silk underwear | 蝙蝠 | bat |
| 乔其纱 | georgette | 丝绸睡衣 | silk pajamas | 鹿 | deer |
| 人造丝 | Rayon | 丝绸团扇 | silk ball fan | 狮子 | lion |
| 平纹编织 | plain weave | 丝绸折扇 | silk folding fan | 老虎 | tiger |
| 斜纹编织 | twill weave | 丝绸床单 | silk sheet | 仙鹤 | crane |
| 缎纹编织 | satin weave | 丝绸地毯 | silk carpet | 鸳鸯 | mandarin couple |
| 起绒编织 | raising braid | 丝绸窗帘 | silk curtain | 孔雀 | peacock |
| 绞经编织 | skein knitting | 丝绸帷幔 | silk valance | 飘逸 | elegant |
| 篮式编织 | basket weave | 丝绸床品 | silk bedding | 半透明 | translucent |
| 花岗岩编织 | granite weave | 丝绸布料 | silk fabric | 昂贵 | costly |
| 格子编织 | check weave | 丝绸制品 | silk product | 精致 | delicacy |
| 全丝硬缎 | duchesse satin | 吉祥图案 | auspicious pattern | 丝滑 | silky |
| 仿古缎 | antique satin | 莲花 | lotus | 垂顺 | sag |
| 婚礼缎 | wedding satin | 竹子 | bamboo | 反光 | reflectlight |
| 塔夫绸 | taffeta | 鱼 | fish | 哑光 | matte |
| 冲浪缎 | surf satin | 祥云 | auspicious clouds | 光滑 | smooth |
| 拖鞋缎 | slipper satin | 山 | mountain | 闪亮 | sparkle |
| 丝绸服装 | silk clothing | 太阳 | sun | 轻盈 | levity |
| 丝绸旗袍 | silk cheongsam | 月亮 | moon | 细腻 | fine |
| 丝绸汉服 | silk hanfu | 星星 | star | 光泽 | gloss |
| 丝绸衬衫 | silk shirt | 星座 | constellation | 奢华 | luxury |
| 丝绸连衣裙 | silk dresses | 丽水 | lishui | 柔软 | soft |
| 丝绸晚礼服 | silk evening gown | 波涛 | choppy waves | 优雅 | elegant |

### 实例关键词要点解析

内容提示词：现实风格，摄影效果，电影照片，丝绸，长围巾，非常光滑，非常有光泽，粉红色，在空中飞舞，在空中漂浮，有褶皱的，远景视图。

背景和环境提示词：简单背景，白色背景，模糊背景。

品控提示词：大师杰作，最佳质量，高分辨率，极高细节的壁纸效果，完美照明。

反向提示词：人物，不适宜内容，最差质量，低质量，普通质量，低分辨率，丑陋，文字，水印。

| 文生图 | 图生图 | 后期处理 | PNG 图片信息 | 模型融合 | 训练 | 设置 | 扩展 |

63/75

realistic, photographic, cinematic photo, silk, long scarf, very smooth, very glossy, pink, flying in the air, floating in the air, pleated, distance view,

simple background, white background, blurry background,

(masterpiece:1.2), best quality, masterpiece, highres,  extremely detailed wallpaper, perfect lighting

21/75

person, NSFW, (worst quality:2), (low quality:2), (normal quality:2), lowres, normal quality, (ugly:1.331), text, watermark

| | |
|---|---|
| Stable Diffusion 模型：SD XL Base 1.0 | 采样方法：DPM++2M Karras |
| 外挂 VAE 模型：SD XL VAE | 宽度 x 高度：1024x1024 |
| 迭代步数：30 | 提示词引导系数：7 |

### 实例关键词效果展示

种子数：
4054824037

## 5.3.4　皮毛

皮毛就是动物的皮和毛，日常生活中最常见的天然皮毛制品就是使用羊皮、兔皮、狐狸皮、貂皮等动物皮毛制成的各种类型的服饰，这些服饰虽然保暖效果好，奢华的风格也备受推崇，但对于野生动物的伤害使得越来越多的人开始对其进行抵制。

出于环保的需求，人造皮毛开始慢慢取代天然皮毛成为人们新的选择。人造皮毛的外观仿真性极强，外层长绒毛光亮挺拔，里层短绒毛柔软细密，可以仿造各种动物的花纹，在洗涤保养方面也要更为简单方便。

### 常见的皮毛相关提示词参考

| | | | | | |
|---|---|---|---|---|---|
| 皮毛 | fur | 黑熊皮毛 | black bear fur | 时尚 | fashion |
| 皮草 | furs | 人造皮毛 | fake fur | 柔软 | soft |
| 皮衣 | fur clothing | 毛毡 | felt | 保暖 | warm |
| 皮毛类型 | types type | 圆顶毛毡礼帽 | | 优雅 | elegant |
| 龙猫皮毛 | chinchilla fur | bowler felt hat | | 高档 | top grade |
| 郊狼皮毛 | coyote fur | 高顶毛毡礼帽 | | 经典 | sutra |
| 海狸皮毛 | beaver fur | top felt hat | | 时髦 | fashionable |
| 红狐皮毛 | red fox fur | 皮草大衣 | fur coat | 高贵 | noble |
| 北极狐皮毛 | arctic fox fur | 皮草围巾 | fur in the circle | 奢侈 | extravagant |
| 蓝狐皮毛 | blue fox fur | 皮草手套 | leather glove | 华丽 | gorgeous |
| 银狐皮毛 | silver fox fur | 皮草帽子 | fur hat | 华美 | magnificent |
| | | 皮草派克服 | fur pie overcome | 宽松 | loose |
| 山猫皮毛 | lynx fur | 皮草手笼 | fur handbook | 显眼 | conspicuous |
| 貂皮毛 | bobcat fur | 皮草披肩 | fur shawl | 现代 | modern |
| 松貂皮毛 | pine marten fur | 皮草衣领 | fur collar | 迷人 | charming |
| 石貂皮毛 | stone marten fur | 皮草斗篷 | fur hopper | 魅力 | charm |
| 水貂皮毛 | mink fur | 皮草外套 | fur coat | 尊贵 | honourable |

（续）

| 海狸鼠皮毛 | nutria fur | 皮草项圈 | fur item whole | 磨损的 | worn |
|---|---|---|---|---|---|
| 水獭皮毛 | otter fur | 皮草背心 | fur vest | | |
| 兔子皮毛 | rabbit fur | 皮草夹克 | fur jacket | 有流苏的 | tasseled |
| 浣熊皮毛 | raccoon fur | 皮草靴子 | fur boots | 丝滑的 | silky |
| 芬兰貂皮毛 | finnish mink fur | 皮草地毯 | fur carpet | 长毛绒 | plush |
| 紫貂皮毛 | sable fur | 皮草毛毯 | fur blanket | 打褶的 | pleated |
| 绵羊皮毛 | sheep fur | 皮草头巾 | fur turban | 装饰的 | ornamental |
| 羔羊皮毛 | lamb skin | 皮草手袋 | fur handbag | 镶宝石的 | jeweled |
| 狼皮毛 | wolf fur | 皮草披风 | fur cape | 染色的 | dyed |
| 负鼠皮毛 | possum fur | 皮毛镶边的 | fur watanabe's | 彩色的 | colored |
| 老虎皮毛 | tiger fur | 皮毛内衬的 | fur lined | 镶边的 | frilled |
| 豹子皮毛 | leopard fur | 皮毛修饰的 | fur trimmed | 美丽的 | beautiful |
| | | 奢华 | luxurious | | |

## 实例关键词要点解析

内容提示词: 现实风格，摄影效果，电影照片，动物皮毛，兔子身体的皮毛，灰色，短的，直的，特写。
背景和环境提示词: 简单背景，模糊背景。
品控提示词: 大师杰作，最佳质量，高分辨率，极高细节的壁纸效果，完美照明。
反向提示词: 不适宜内容，最差质量，低质量，普通质量，低分辨率，丑陋，文字，水印。

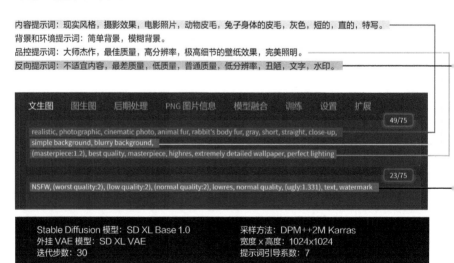

**实例关键词效果展示**

种子数：
483994004

## 5.3.5　纸张

造纸术是中国四大发明之一，东汉时期的蔡伦发明了原料易于取得、价格更为便宜的纸张，才得以逐步取代简帛，成为时至今日仍在使用的书写材料，对于文化的发展和传播起到了不可估量的重要作用。

随着科技的发展，纸张种类也越来越多，在不同的领域和用途中，对于纸张的尺寸幅面和质量等级的选择也多有讲究，比如印刷报纸、期刊所用的新闻纸，印刷宣传画、年画所用的单面胶版纸，印刷书刊封面所用的书皮纸，制作包装盒的板纸等。

## 常见的纸张相关提示词参考

| 纸 | paper | 绘图纸 | drawing paper | 水纹纸 | water paper |
|---|---|---|---|---|---|
| 纸币 | paper money | 蜡笔画纸 | crayon paper | 皮革纸 | leather paper |
| 纸质票据 | paper bill | 水彩画纸 | water color paper | 和纸 | washi |
| 书纸 | book paper | 速写本 | sketch pad | 防水纸 | waterproof paper |
| 笔记本 | notebook | 木炭画纸 | charcoal drawing paper | 宣纸 | Rice paper |
| 方格纸 | grid paper | 羊皮纸 | parchment | 剪纸 | paper cutting |
| 打孔卡纸 | punched paper | 瓦楞纸箱 | corrugated box | 纸模型 | paper model |
| 摄影纸 | photographic paper | 纸袋 | paper bag | 纸浆画 | paper drawing |
| 纸质报纸 | paper newspaper | 包装纸 | wrapping paper | 衍纸 | paper diffusing |
| 纸质杂志 | paper magazine | 纸绳 | paper rope | 卷轴 | paper scrolling |
| 纸质海报 | paper poster | 卫生纸 | toilet paper | 纸工艺品 | paper hand craft |
| 纸质手册 | paper manual | 面巾纸 | tissue | 贴纸 | decal |
| 纸质地图 | paper map | 蜡纸 | waxed paper | 纸雪花 | paper snowflake |
| 纸质标签 | paper label | 纸盘 | paper plate | 书籍雕塑 | book sculpture |
| 纸质便签本 | paper pad | 纸杯 | paper cup | 纸质立体书 | paper pop-up book |
| 纸质备忘录 | paper memorandum pad | 茶袋 | tea bag | 树皮纸 | bark paper |
| 草稿纸 | scratch paper | 咖啡过滤纸 | coffee filter paper | 纸张压花 | paper embossed flowers |
| 复印纸 | copier paper | 蛋糕纸杯 | cake paper cup | 千纸鹤 | thousand Paper cranes |
| 分类账纸 | ledger paper | 折纸 | origami paper | 铜版纸 | coated paper |
| 打字纸 | typing paper | 纸飞机 | paper air plane | 邮票 | postage stamp |
| 打印纸 | printer paper | 蜂窝纸 | honeycomb paper | 五彩纸屑 | confetti |
| 纸质发票 | paper invoice | 砂纸 | sandpaper | 纸质杯套 | paper cup sleeve |
| 纸质合同 | paper contract | 吸墨纸 | blotting paper | 纸质名片 | paper business card |
| 信纸 | writing Paper | 石蕊试纸 | litmus test paper | 纸灯笼 | paper lantern |
| 纸质明信片 | paper post card | 墙纸 | wallpaper | 匹萨纸盒 | pizza paper box |
| 卡纸 | card board | 胶版纸 | offset paper | 纸牌 | playing card |
| 信封 | envelope | 糖纸 | sugar paper | 纸质蛋托 | paper egg holder |
| 纸质文件袋 | paper pouch | 棉纸 | cotton paper | 转印纸 | transfer paper |
| 纸质包装 | paper packaging | 牛皮纸 | kraft paper | 描图纸 | tracing paper |

## 实例关键词要点解析

内容提示词: 现实风格, 摄影效果, 电影照片, 纸, 一堆碎纸, 白色, 堆在一起, 放在桌子上, 特写。
背景和环境提示词: 简单背景, 白色背景, 模糊背景。
品控提示词: 大师杰作, 最佳质量, 高分辨率, 极高细节的壁纸效果, 完美照明。
反向提示词: 不适宜内容, 最差质量, 低质量, 普通质量, 低分辨率, 丑陋, 文字, 水印。

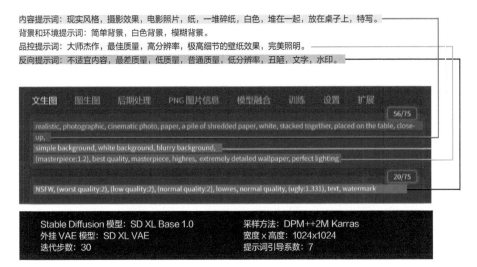

## 实例关键词效果展示

种子数:
2775530082

## 5.3.6　宝石

日常生活中美丽且价值贵重的矿石都会被统称为宝石，但从专业角度来看，宝石有广义和狭义之分，广义的宝石泛指各种色彩鲜艳、可雕琢成器的各类矿石，狭义的宝石则包含单晶体或双晶体矿石。

现代宝石学将广义的宝石分为钻石、彩色宝石和玉石三个种类，钻石是价值最高的宝石，彩色宝石中的红宝石、蓝宝石、祖母绿和金绿猫眼这四种与钻石并称为五大珍贵宝石，极具收藏价值，玉石则指翡翠、和田玉等多隐晶质集合体矿物。

**常见的宝石相关提示词参考**

| 宝石 | gemstone | 苔藓玛瑙 | moss agate | 橄榄石 | peridot |
|------|----------|----------|------------|--------|---------|
| 钻石 | diamond | 铬玉髓 | chrome chalcedony | 玉 | jade |
| 红宝石 | ruby | 缟玛瑙 | onyx | 天河石 | amazonite |
| 蓝宝石 | sapphire | 冰蓝色玉髓 | chalcedony Ice-blue | 砂金石 | aventurine |
| 祖母绿 | emerald | 碧玉 | jasper | 白松石 | howlite |
| 奇色钻石 | fancy diamond | 蓝晶石 | kyanite | 拉长石 | labradorite |
| 绿柱石 | beryl | 月光石 | moonstone | 拉利玛石 | larimar |
| 海蓝宝石 | aquamarine | 彩虹月光石 | rainbow moonstone | 黑曜石 | obsidian |
| 紫翠玉 | alexandrite | 透辉石 | diopside | 堇云石 | prasiolite |
| 摩根石 | morganite | 锆石 | zircon | 方钠石 | sodalite |
| 金绿柱石 | heliodor | 红锆石 | jacinth | 硅铍铝钠石 | tugtupite |
| 碧玺 | tourmaline | 蓝锆石 | blue zircon | 尖晶石 | spinel |
| 粉碧玺 | pink tourmaline | 金绿石 | chrysoberyl | 日光石 | sunstone |
| 绿碧玺 | green tourmaline | 黄玉 | topaz | 猫眼石 | opal |
| 蓝碧玺 | blue tourmaline | 石榴石 | garnet | 虎眼石 | tiger's eye |
| 蛋白石 | opal | 坦桑石 | tanzanite | 葡萄石 | prehnite |
| 火蛋白石 | fire opal | 鲍纹玉 | bowenite | 蛇纹石 | serpentine |
| 木蛋白石 | wood opal | 杂青金石 | lapis lazuli | 金红石 | rutile |

（续）

| 黑蛋白石 | black opal | 软玉 | nephrite | 蔷薇辉石 | rhodonite |
|---|---|---|---|---|---|
| 水晶蛋白石 | crystal opal | 锡石 | cassiterite | 绿松石 | turquoise |
| 紫水晶 | amethyst | 硬玉 | jadeite | 希登石 | hiddenite |
| 柠檬黄 | citrine | 黄玉 | topaz | 红榴石 | rhodolite |
| 钛晶 | rutilated quartz | 孔雀石 | malachite | 翠榴石 | demantoid |
| 烟晶 | smoky quartz | 蓝色孔雀石 | azurmalachite | 绿帘花岗石 | unakite |
| 玉髓 | chalcedony | 硅孔雀石 | chrysocolla | 磷铝石 | variscite |
| 玛瑙 | agate | 紫硅碱钙石 | charoite | 珍珠 | pearl |
| 光玉髓 | carnelian | 天青石 | celestine | 菊石 | ammolite |
| 绿玉髓 | chrysoprase | 绿帘石 | epidote | 琥珀 | amber |
| 火玛瑙 | fire agate | 萤石 | fluorite | | |
| 鸡血石 | blood stone | 天蓝石 | lazulite | | |

## 实例关键词要点解析

内容提示词：现实风格，摄影效果，电影照片，宝石，一条钻石项链，在黑色的桌子上闪闪发光，特写。
背景和环境提示词：简单背景，深色背景，模糊背景。
品控提示词：大师杰作，最佳质量，高分辨率，极高细节的壁纸效果，完美照明。
反向提示词：不适宜内容，最差质量，低质量，普通质量，低分辨率，丑陋，文字，水印。

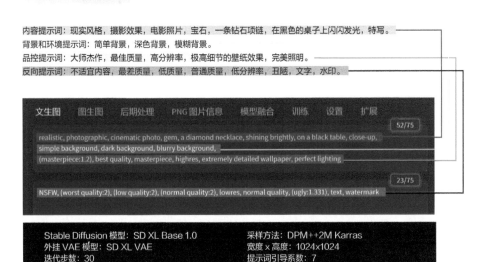

## 实例关键词效果展示

种子数:
3796694055

# 第 6 章

## 不同艺术流派的呈现

本章展现了在 AI 绘画中的不同艺术流派，包括 12~18 世纪、19 世纪和 20 世纪的多个不同艺术流派或艺术运动，以深入探讨不同艺术流派中 AI 的艺术表现。这些不同类别的艺术有的风格极其明显，有的则在传承的过程中有所交融，通过对它们的再现，让读者能够顺着时间的长河欣赏它们的相似之处和不同之处，从而对艺术发展的历史有更深的了解和思考。

## 6.1 12~18 世纪

由于政治、宗教和地域的限制，12~18 世纪主流的艺术流派并不算多，但每个流派都对后世产生了深远的影响，甚至到现代还会不断被人反复研究、借鉴和复现。

### 6.1.1 哥特主义

哥特主义起源于 15 世纪的意大利人，他们始终对于哥特族人摧毁了罗马帝国的历史耿耿于怀，便将中世纪时期的艺术风格称为哥特，也就是野蛮的意思，而后逐渐流行开来，尤其是在 13~15 世纪时期的宗教建筑上最为彰显。

**常见的哥特主义相关提示词参考**

| 哥特主义 | Gothic | 哥特式雕塑 | | 晚期哥特式建筑 |
|---|---|---|---|---|
| 哥特式艺术 | Gothic art | Gothic sculpture | | Late Gothic architecture |
| 罗马式艺术 | Romanesque art | 波西米亚哥特式雕塑 | | 哥特复兴式建筑 |
| 哥特式绘画 | Gothic painting | Bohemian Gothic sculpture | | Gothic Revival architecture |
| 哥特式壁画 | Gothic murals | 哥特式黄杨木微雕 | | 哥特式尖拱门 |
| 哥特式板画 | Gothic panel painting | Gothic boxwood miniature | | pointed arch |
| 哥特式彩色玻璃 | | 蒂尔曼·里门施奈德（哥特式雕塑） | | 哥特式肋拱顶 |
| Gothic stained glass | | Tilman Riemenschneider | | Gothic ribbed vault |
| 埃尔默伦德大师（哥特式壁画） | | 哥特祭坛画 | Gothic altarpiece | 哥特式四分肋拱顶 |
| Elmelunde Master | | 国际哥特式 | International Gothic | Gothic Quad ribbed Arch |
| 埃尔默伦德教堂（哥特式壁画） | | 修长的图形 | elongated figure | 哥特式骨架拱顶 |
| Elmelunde Church | | 丰富的服装细节 | | Gothic skeleton vault |
| 阿尔伯图斯·皮克托（哥特式壁画） | | rich details of attire | | 哥特式飞扶壁 |
| Albertus Pictor | | 拥挤的构图 | crowded composition | Gothic flying buttress Gothic steeple |

（续）

| 阿尔蒙格教堂（哥特式壁画） | | 分层布置 | | 哥特式尖塔 | |
|---|---|---|---|---|---|
| Almunge Church | | figures disposed in tiers | | Gothic spire | |
| 圣路易斯巴黎诗篇（哥特式插图手稿） | | 国际哥特式挂毯 | | 哥特式钟楼 | Gothic bell tower |
| Saint Louis Parisian Psalms | | International Gothic style tapestry | | 哥特式窗饰 | Gothic window Decoration |
| 玫瑰窗 | rose window | 哥特式建筑 | Gothic architecture | 哥特式大教堂 | |
| 乔托·迪·邦多内（哥特式绘画） | | 早期哥特式建筑 | | Gothic cathedral | |
| Giotto di Bondone | | Early Gothic architecture | | 哥特式教堂 | Gothic church |
| 奇马布埃（哥特式绘画） | | 盛期哥特式建筑 | | 哥特式城堡 | Gothic castle |
| Cimabue | | High Gothic architecture | | 哥特式宫殿 | Gothic palace |
| 杜乔·迪·博尼塞尼亚（哥特式绘画） | | 射线哥特式建筑 | | 哥特式大学 | Gothic university |
| Duccio di Buoninsegna | | Ray Gothic architecture | | 哥特式服饰 | Gothic clothing |
| 哥特式版画 | | 装饰哥特式建筑 | | 哥特式妆容 | Gothic makeup |
| Gothic printmaking | | Decorated Gothic architecture | | 哥特式配饰 | Gothic accessories |

## 实例关键词要点解析

内容提示词：现实风格，摄影效果，电影照片，哥特式建筑，哥特式大教堂，对称，从外面看大教堂，特写，闹鬼，荒凉，夜晚。

背景和环境提示词：草地背景，深色背景，乌云背景。

品控提示词：大师杰作，最佳质量，高分辨率，独创性，极高细节的壁纸效果，完美照明。

反向提示词：不适宜内容，最差质量，低质量，普通质量，低分辨率，丑陋，文字，水印。

| 文生图 | 图生图 | 后期处理 | PNG图片信息 | 模型融合 | 训练 | 设置 | 扩展 |
|---|---|---|---|---|---|---|---|

65/75

realistic, photographic, cinematic photo,Gothic architecture,Gothic cathedral, symmetry, looking at the cathedral from outside, close-up, haunted, desolate, at night,
grassland background, dark background, dark cloud background,
(masterpiece:1.2), best quality, masterpiece, highres, original, extremely detailed wallpaper, perfect lighting

19/75

NSFW, (worst quality:2), (low quality:2), (normal quality:2), lowres, normal quality, (ugly:1.331), text, watermark

Stable Diffusion 模型：SD XL Base 1.0　　采样方法：DPM++2M Karras
外挂 VAE 模型：SD XL VAE　　宽度 x 高度：1024x1024
迭代步数：30　　提示词引导系数：7

**实例关键词效果展示**

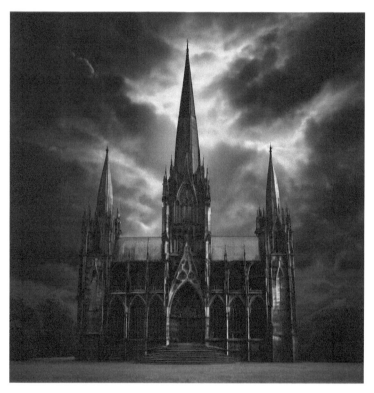

种子数：
1815786213

## 6.1.2　文艺复兴

　　文艺复兴是在 14~16 世纪期间发生在欧洲的一场思想文化运动，当时的文艺界人士都认为古希腊、古罗马的文艺最为繁荣，却不幸遭到了中世纪黑暗时代的毁灭，他们要对其进行复苏和振兴，因此称之为"文艺复兴"。

　　文艺复兴时期诞生了众多著名的艺术家，如文艺复兴前三杰但丁·阿利吉耶里、乔万尼·薄伽丘和弗兰契斯科·彼特拉克，以及文艺复兴后三杰列奥那多·达·芬奇、米开朗基罗·博纳罗蒂和拉斐尔·桑西，他们三人又被称为"艺术三杰"。

## 常见的文艺复兴提示词参考

| | | | | | |
|---|---|---|---|---|---|
| 文艺复兴 | Renaissance | 让·克鲁埃 | Jean Clouet | 菲利波·布鲁内莱斯基 | |
| 文艺复兴艺术 | | 布龙齐诺 | Bronzino | Filippo Brunelleschi | |
| Renaissance art | | 乔托 | Giotto | 佛罗伦萨大教堂 | |
| 达·芬奇 | Leonardo da Vinci | 塞巴斯蒂亚诺·德尔·皮翁博 | | Florence Cathedral | |
| 米开朗基罗 | Michelangelo | Sebastiano del Piombo | | 佛罗伦萨圣洛伦索大教堂 | |
| 拉斐尔 | Raphael | 菲利波·里皮 | | Basilica of San Lorenzo, Florence | |
| 提香 | Titian | Filippo Lippi | | 米开罗佐·米开罗齐 | |
| 马萨乔 | Masaccio | 洛伦佐·洛托 | | Michelozzo Michelozzi | |
| 丁托列托 | Tintoretto | Lorenzo Lotto | | 美第奇·里卡迪宫 | |
| 乔尔乔内 | Giorgione | 多梅尼科·基尔兰达约 | | Medici Riccati Palace | |
| 桑德罗·波提切利 | | Domenico Ghirlandaio | | 莱昂·巴蒂斯塔·阿尔贝蒂 | |
| Sandro Botticelli | | 小汉斯·霍尔拜因 | | Leon Battista Alberti | |
| 约翰·凡·艾克 | | Hans Holbein the Younger | | 曼图亚圣安德烈亚大教堂 | |
| Jan van Eyck | | 文艺复兴时期建筑 | | Mantua San Andrea, cathedral | |
| 老彼得·勃鲁盖尔 | | Renaissance architecture | | 多纳托·布拉曼特 | |
| Pieter Brueghel the Elder | | 对称 | symmetry | Donato Bramante | |
| 小彼得·勃鲁盖尔 | | 比例 | proportion | 帕维亚大教堂 | |
| Pieter Brueghel the Younger | | 几何形状 | geometry | Pavia Cathedral | |
| 阿尔布雷希特·丢勒 | | 规则性 | regularity | 小安东尼奥·达桑加洛 | |
| Albrecht Durer | | 半圆拱门 | semicircular arche | Antonio da Sangallo the Younger | |
| 保罗·委罗内塞 | | 半球形圆顶 | hemispherical dome | 罗马法尔内塞宫 | |
| Paolo Veronese | | 壁龛 | niche | The Palace of Farnese in Rome | |
| 菲利波·布鲁内莱斯基 | | 桶形拱顶 | barrel vault | 巴尔达萨雷·佩鲁齐 | |
| Filippo Brunelleschi | | 平顶 | flat ceiling | Baldassare Peruzzi | |
| 阿尔布雷希特·阿尔特多弗 | | 格子天顶 | coffered ceiling | 马西莫宫科隆宫 | |
| Albrecht Altdorfer | | 方形门楣 | square lintel | Massimo Palace Cologne Palace | |
| 小扬·勃鲁盖尔 | | 三角形山形墙饰 | | 安德里亚·帕拉迪奥 | |
| Jan Brueghel the Younger | | triangular pediment | | Andrea Palladio | |
| 弗朗索瓦·克鲁埃 | | 扇形山形墙饰 | | 帕拉迪亚纳大教堂 | |
| Francois Clouet | | segmental pediment | | Paradiana Cathedral | |

## 实例关键词要点解析

内容提示词：现实风格，摄影效果，电影照片，文艺复兴建筑，文艺复兴大教堂，大教堂内部，圆形天花板，宗教壁画，特写。

背景和环境提示词：白天背景，明亮背景。

品控提示词：大师杰作，最佳质量，高分辨率，独创性，极高细节的壁纸效果，完美照明。

反向提示词：不适宜内容，最差质量，低质量，普通质量，低分辨率，丑陋，文字，水印。

| 文生图 | 图生图 | 后期处理 | PNG 图片信息 | 模型融合 | 训练 | 设置 | 扩展 |

53/75

realistic, photographic, cinematic photo, Renaissance architecture, Renaissance cathedral, the interior of the cathedral, circular ceiling, religious murals, close-up,

daytime background, bright background,

(masterpiece:1.2), best quality, masterpiece, highres, original, extremely detailed wallpaper, perfect lighting

23/75

NSFW, (worst quality:2), (low quality:2), (normal quality:2), lowres, normal quality, (ugly:1.331), text, watermark

Stable Diffusion 模型：SD XL Base 1.0　　采样方法：DPM++2M Karras
外挂 VAE 模型：SD XL VAE　　　　　　　宽度 x 高度：1024x1024
迭代步数：30　　　　　　　　　　　　　提示词引导系数：7

## 实例关键词效果展示

种子数：
3786043511

## 6.1.3 巴洛克艺术

巴洛克艺术是欧洲地区兴起于 16 世纪后半期、盛行于 17 世纪、衰落于 18 世纪的艺术风格，对于之后的洛可可艺术和浪漫主义都产生了深远的影响，其最主要的特点就是崇尚华丽的风格、戏剧性的构图、动感的节奏和复杂的形状。

巴洛克艺术热衷于使用波浪状的线条表达动感，雕塑和绘画作品也通常会刻画运动中的人物，家具和服饰则极力追求奢华和夸张的造型，使用繁复的装饰和名贵的材质来展现上流社会的宫廷生活。

**常见的巴洛克艺术相关提示词参考**

| 巴洛克艺术 | Baroque art | 梅松城堡 | | 克劳德·洛兰 | |
|---|---|---|---|---|---|
| 巴洛克建筑 | | Chateau de Maisons | | Claude Lorland | |
| Baroque architecture | | 凡尔赛宫镜厅 | | 弗兰斯·哈尔斯 | |
| 视觉效果 | visual effect | Hall of Mirrors | | Frans Hals | |
| 戏剧效果 | theatrical effect | 荣军院圆顶教堂 | | 胡塞佩·德·里贝拉 | |
| 梨形圆顶 | pear-shaped dome | Dome of the Invalides | | Jusepe de Ribera | |
| 幻觉天顶画 | | 巴洛克绘画 | Baroque painting | 真蒂莱斯基 | Artemisia Gentileschi |
| illusionistic ceiling painting | | 丰富的色彩 | rich colour | 巴洛克雕塑 | Baroque sculpture |
| 宏伟的楼梯 | grand stairway | 深沉的颜色 | deep colour | 圆形雕塑 | round sculpture |
| 阶梯式蜿蜒向上 | | 强烈的明暗阴影对比 | | 隐藏的照明 | concealed lighting |
| winding upwards in stage | | intense light and dark shadow | | 精致的喷泉 | elaborate fountain |
| 漩涡花饰 | swirl | 戏剧化的灯光效果 | | 动感的人体 | dynamic human body |
| 镜子 | mirror | dramatic lighting effect | | 蛇形图 | figura serpentina |
| 不完整的建筑元素 | | 聚光灯照射效果 | | 老幼对比 | youth and age |
| incomplete architectural element | | spotlight illumination effect | | 美丑对比 | beauty and ugliness |

（续）

| 明暗对比 | chiaroscuro | 迭戈·委拉斯开兹 | | 男女对比 | men and women |
|---|---|---|---|---|---|
| 头顶雕塑 | overhead sculpture | Diego Velazquez | | 螺旋上升 | ascending spiral |
| 所罗门柱 | Solomonic column | 彼得·保罗·鲁本斯 | | 华丽装饰 | showy decoration |
| 椭圆形空间 | elliptical space | Peter Paul Rubens | | 吉安·洛伦佐·贝尔尼尼 | |
| 卵形空间 | oval space | 尼古拉斯·普桑 | | Gian Lorenzo Bernini | |
| 洛约拉圣依格纳教堂 | | Nicolas Poussin | | 斯特凡诺·马德尔诺 | |
| Church of Saint Ignatius of Loyola | | 约翰内斯·维米尔 | | Stefano Maderno | |
| 圣普里斯卡德塔斯科教堂 | | Johannes Vermeer | | 弗朗西斯科·莫奇 | |
| Church of Santa Prisca de Taxco | | 安东尼·凡·戴克 | | Francesco Mochi | |
| 斯莫尔尼大教堂 | | Anthony van Dyck | | 皮埃尔·普吉特 | |
| Smolny Cathedral | | 乔治·德·拉图尔 | | Pierre Puget | |
| 圣热尔韦和圣普罗泰教堂 | | Georges de La Tour | | 让－巴蒂斯特·图比 | |
| Saint Gerve and Saint-Protagonist Churches | | 伦勃朗 | Rembrandt | Jean-Baptiste Tuby | |
| 卢浮宫钟楼馆 | | 卡拉瓦乔 | Caravaggio | 格林林·吉本斯 | |
| Louvre Bell Tower Hall | | 勒南三兄弟 | Le Nain | Grinling Gibbons | |

## 实例关键词要点解析

内容提示词: 现实风格, 摄影效果, 电影照片, 巴洛克家具, 巴洛克扶手椅, 对称, 华丽的雕刻, 奢华的装饰, 金色的色调, 复杂的图案, 特写。

背景和环境提示词: 巴洛克室内背景, 巴洛克墙面浮雕背景。

品控提示词: 大师杰作, 最佳质量, 高分辨率, 独创性, 极高细节的壁纸效果, 完美照明。

反向提示词: 不适宜内容, 最差质量, 低质量, 普通质量, 低分辨率, 丑陋, 文字, 水印。

| 文生图 | 图生图 | 后期处理 | PNG 图片信息 | 模型融合 | 训练 | 设置 | 扩展 |
|---|---|---|---|---|---|---|---|

60/75

realistic, photographic, cinematic photo, Baroque furniture, Baroque armchairs, symmetry, gorgeous carvings, luxury decoration, golden color tone, complex patterns, close-up,
Baroque interior background, Baroque wall relief background,
(masterpiece:1.2), best quality, masterpiece, highres, original, extremely detailed wallpaper, perfect lighting

23/75

NSFW, (worst quality:2), (low quality:2), (normal quality:2), lowres, normal quality, (ugly:1.331), text, watermark

| Stable Diffusion 模型: SD XL Base 1.0 | 采样方法: DPM++2M Karras |
|---|---|
| 外挂 VAE 模型: SD XL VAE | 宽度 x 高度: 1024x1024 |
| 迭代步数: 30 | 提示词引导系数: 7 |

**实例关键词效果展示**

种子数：
2035931918

## 6.1.4 洛可可艺术

洛可可艺术产生于巴洛克艺术衰落之时，继承了巴洛克艺术的华丽、精致和繁复，同时又削弱了巴洛克艺术的强烈、浓艳和极致，展现出明快轻巧与柔和细腻的特征，还受到东亚艺术的影响，具有许多异域风情的元素。

洛可可时期的建筑装饰偏爱以贝壳、漩涡作为题材，使用弧线将其连成一片，显出华贵但不厚重的特点。绘画则选择清淡雅致的色彩和优美精致的曲线来展现轻快的田园风情，逐渐脱离了沉闷刻板的宗教艺术，转向刻画生活中的人物。

## 常见的洛可可艺术相关提示词参考

| 洛可可艺术 | Rococo art | C 形蜗壳 | C-shaped volutes | 安托万·华托 | |
|---|---|---|---|---|---|
| 装饰性 | ornamental | 观赏花卉 | ornamental flower | Antoine Watteau | |
| 装饰风格 | decoration | 优美线条 | graceful line | 乔瓦尼·巴蒂斯塔·提埃坡罗 | |
| 不对称 | asymmetry | 花彩装饰 | Colorful decoration | Giovanni Battista Tiepolo | |
| 滚动曲线 | scrolling curves | 宁芬堡宫 | | 让-奥诺雷·弗拉戈纳尔 | |
| 镀金 | gilding | Nymphenburg Palace | | Jean-Honore Fragonard | |
| 柔和的色彩 | pastel colours | 无忧宫 | | 弗朗茨·安东·莫尔贝茨 | |
| 错视画壁画 | illusionistic frescoes | Sanssouci Palace | | Franz Anton Maulbertsch | |
| 运动错觉 | illusion of motion | 苏比斯酒店 | | 洛可可式室内装饰 | |
| 戏剧错觉 | illusion of drama | Soubis Hotel | | Rococo interior decoration | |
| 洛可可建筑 | Rococo architecture | 萨尔斯塔城堡 | | 洛可可式雕刻 | |
| 洛可可图案 | Rococo Pattern | Salsta Castle | | Rococo carving | |
| 贝壳 | shell | 亚历山大宫 | | 洛可可式银器 | |
| 华丽曲线 | flamboyant curves | Alexander Palace | | Rococo silverware | |
| 马斯卡龙 | mascaron | 叶卡捷琳娜宫 | | 洛可可式玻璃器皿 | |
| 蔓藤花纹 | arabesque | Catherine Palace | | Rococo glassware | |
| 古典元素 | classical element | 冬宫 | | 洛可可家具 | |
| 精致细节 | intricate detail | Winter Palace | | Rococo furniture | |
| 宽敞明亮 | spacious and bright | 洛可可绘画 | Rococo painting | 洛可可式玄关桌 | |
| 舒适氛围 | comfort atmosphere | 享乐主义 | hedonistic | Rococo style foyer table | |
| 镶木地板 | parquet flooring | 贵族气质 | aristocratic character | 洛可可式钟柜 | |
| 镶嵌细工 | marquetry | 感性优雅 | sensuality and grace | Rococo style Clock cabinet | |
| 裸露石灰石 | exposed limestone | 伤感主题 | sentimental theme | 洛可可式服装 | |
| 阿拉伯花纹 | arabesques | 乡村场景 | country scene | Rococo clothing | |
| 寓言主题 | allegorical motif | 田园风光 | bucolic | 大量褶皱边 | plethora of frill |
| 莨苕树叶 | acanthus leaves | 女性气质 | sensual femininity | 荷叶边 | ruffle |
| 神话场景 | mythical scene | 让·西蒙·夏尔丹 | | 蝴蝶结 | bow |
| 卵石 | pebble | Jean Simeon Chardin | | 蕾丝装饰 | lace |
| 棕榈叶 | palm leaves | 尼古拉斯·兰克雷特 | | 宽裙撑 | wide pannier |
| 花束 | bouquets of flowers | Nicolas Lancret | | 丝带 | ribbon |

## 实例关键词要点解析

内容提示词：Lora 模型"rococo"，一个女孩身着 18 世纪连衣裙，羽毛与花朵装饰的宽檐帽，刺绣，丝绸，白色蕾丝。
背景和环境提示词：洛可可建筑背景，模糊背景。
品控提示词：大师杰作，高质量，高分辨率，独创性，极高细节，完美照明。
反向提示词：不适宜内容，最差质量，低质量，普通质量，低分辨率，丑陋，单色，发灰，错误的肢体结构，错误的身体比例，糟糕的面部，多余手臂，糟糕的手部，多余手指，缺少手指，文字，水印。

| 文生图 | 图生图 | 后期处理 | PNG 图片信息 | 模型融合 | 训练 | 设置 | 扩展 |
|---|---|---|---|---|---|---|---|

53/75

<lora:rococo:1>, 1girl, wearing 18th century dress, wide brimmed hat with feather and flower, embroidery, silk, white lace, Rococo architecture background, blurry background,
(masterpiece:1.2), best quality, masterpiece, highres, original, extremely detailed wallpaper, perfect lighting

49/75

NSFW, (worst quality:2), (low quality:2), (normal quality:2), lowres, (ugly:1.331), ((monochrome)), ((grayscale)), bad anatomy, bad proportions, bad face, extra arms, bad hands, extra digits, few digits, text, watermark

Stable Diffusion 模型：SD XL Base 1.0
外挂 VAE 模型：SD XL VAE
迭代步数：30
采样方法：DPM++SDE Karras
宽度 x 高度：1024x1024
提示词引导系数：10

## 实例关键词效果展示

种子数：
2042679896

## 6.2　19 世纪

　　19 世纪的西方艺术呈现出百花齐放的繁荣景象，各种风格和流派交相辉映，形成了丰富多彩的艺术图景。艺术家们勇于突破传统，不断创新，探索新的表现手法和题材，为后来的现代艺术奠定了坚实基础。

### 6.2.1　浪漫主义

　　浪漫主义起源于 18 世纪，在 19 世纪 30 年代达到巅峰，不同于当时启蒙运动要求的绝对理想，浪漫主义更强调直觉和感觉，主张重视内心世界的感受，鼓励抒发对于理想的追求，其美术作品大部分都取材于现实生活、中世纪故事和文学名著，通过艺术家的想象力和再创造能力，为这些主题赋予大胆奔放的情感。

**常见的浪漫主义相关提示词参考**

| 浪漫主义 | Romanticism | 《西班牙查理四世及其家族》 | | 卡斯帕·大卫·弗里德里希 | |
|---|---|---|---|---|---|
| 浪漫主义艺术 | | Charles IV of Spain and His Family | | Caspar David Friedrich | |
| Romanticism art | | 《拉玛哈维斯蒂达》 | | 《雾海中的漫步者》 | |
| 浪漫主义绘画 | | Rama Havestida | | Wanderer Above the Sea of Fog | |
| Romanticism painting | | 《土星吞噬他的儿子》 | | 《海上月出》 | |
| 欧仁·德拉克罗瓦 | | Saturn Devouring His Son | | Moonrise over the Sea | |
| Eugene Delacroix | | 《女巫的安息日》 | | 《冬天的旅行者》 | |
| 《希阿岛的屠杀》 | | Witches' Sabbath or Aquelarre | | The Traveler in the Snow | |
| The Massacre at Chios | | 黑暗主题 | dark theme | 《格里夫斯瓦尔德港》 | |
| 《自由引导人民》 | | 社会批判 | social criticism | Harbor of Greifswald | |
| Liberty Leading the People | | 超自然元素 | supernatural element | 哥特式废墟 | Gothic ruin |
| 《萨达纳帕卢斯之死》 | | 惊悚场景 | macabre scene | 神秘的氛围 | mystical atmosphere |
| The Death of Sardanapalus | | 威廉·透纳 | J.M.W. Turner | 遥远地平线 | distant horizon |

（续）

| 《狮子狩猎》 | | 《雨、蒸汽和速度》 | | 晨雾 | morning mist |
|---|---|---|---|---|---|
| The Lion Hunt | | Rain, Steam and Speed | | 贫瘠的树 | barren tree |
| 《但丁之舟》 | | 《海上渔民》 | | 约翰·康斯特布尔 | |
| The Barque of Dante | | Fishermen at Sea | | John Constable | |
| 强烈的色彩 | vivid color | 《汉尼拔穿越阿尔卑斯山》 | | 《干草车》 | |
| 动感的构图 | dynamic composition | Hannibal Crossing the Alps | | The Hay Wain | |
| 历史题材 | historical theme | 《火箭和蓝光》 | | 《戴德姆谷》 | |
| 剧烈的情感 | intense emotion | Rockets and Blue Lights | | Dedham Vale | |
| 异国情调 | exoticism | 《奴隶船》 | | 《白马》 | The White Horse |
| 痛苦和磨难 | pain and suffering | The Slave Ship | | 田园风光 | pastoral scene |
| 弗朗西斯科·戈雅 | | 光与雾 | light and fog | 英国乡村 | English countryside |
| Francisco Goya | | 自然力量 | forces of nature | 详细的细节 | detailed realism |
| 《1808年5月3日》 | | 模糊的边界 | blurred boundary | 自然的光线 | natural light |
| The Third of May 1808 | | 剧烈的风暴 | dramatic storm | 清新的色彩 | freshness of colour |

## 实例关键词要点解析

内容提示词：浪漫主义绘画，约瑟夫·马洛德·威廉·透纳的风格，水彩画，风景画，大海，在海浪中摇摆的帆船，夜晚，月亮，乌云。
背景和环境提示词：深色背景，模糊背景。
品控提示词：大师杰作，最佳质量，高分辨率，独创性，极高细节的壁纸效果，完美照明。
反向提示词：不适宜内容，最差质量，低质量，普通质量，低分辨率，丑陋，文字，水印。

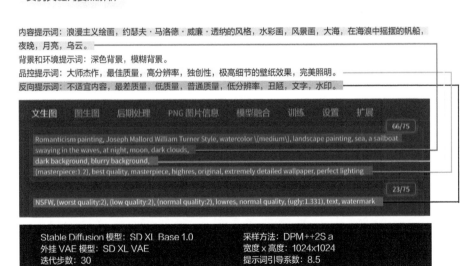

**实例关键词效果展示**

种子数：
3383573498

## 6.2.2　印象主义

　　印象主义通常是指在世界范围内影响深远的一种美术思潮，有时也专指诞生于 19 世纪 60 年代的法国印象主义流派，因莫奈创作的《印象·日出》被学院派评论家攻击为"印象派"，该绘画风格的团体也因此得名。

　　印象派受到 19 世纪光学理论的影响，非常重视绘画过程中户外的自然光线在事物表现中所起到的作用，艺术家们试图展现现实世界中转瞬即逝的光的变化，有时对于光的研究甚至高于对物体的刻画，开创了新的视觉体验。

## 常见的印象主义相关提示词参考

| 印象主义 | Impressionism | 光影效果 | light and shadow | 阿尔弗雷德·西斯莱 | |
|---|---|---|---|---|---|
| 印象派绘画 | | 水面反射 | reflections on water | Alfred Sisley | |
| Impressionist painting | | 柔和色彩 | soft color | 《莫雷教堂》 | |
| 印象派技法 | | 自然风景 | natural landscape | The Church at Moret | |
| Impressionist technique | | 埃德加·德加 | | 《圣马丁运河》 | |
| 快速笔触 | quick brushstroke | Edgar Degas | | Canal Saint-Martin | |
| 瞬间捕捉 | capturing moment | 《舞蹈课》 | | 《马利港的洪水》 | |
| 粗短笔触 | thick and short stroke | The Dance Class | | The Flood at Port-Marly | |
| 厚涂法 | impasto | 《赛马场》 | | 《雪中的小路》 | |
| 湿碰湿画法 | Wet-on-wet | Racetrack | | A Road in Louveciennes | |
| 不透明表面 | opaque surface | 《芭蕾舞排练》 | | 河流景观 | river landscape |
| 白色底色 | white ground | Ballet Rehearsal | | 天空和水 | sky and water |
| 浅色底色 | light coloured ground | 舞者 | dancer | 季节变化 | changing season |
| 颜色反射 | reflection of colour | 室内场景 | indoor scene | 宁静柔和 | tranquillity and gentle |
| 夜间效果 | effets de soir | 动感姿态 | dynamic pose | 卡米耶·毕沙罗 | |
| 滨海草原 | coastal prairie | 人体研究 | study of the human | Camille Pissarro | |
| 城市主题 | city theme | 社会生活 | social life | 《红屋顶》 | |
| 户外场景 | outdoor scene | 皮埃尔-奥古斯特·雷诺阿 | | The Red Roofs | |
| 克劳德·莫奈 | | Pierre-Auguste Renoir | | 《蒙马特大道》 | |
| Claude Monet | | 《船上的午餐》 | | Boulevard Montmartre | |
| 《印象·日出》 | | Luncheon of the Boating Party | | 《蓬图瓦兹花园》 | |
| Impression, Sunrise | | 《煎饼磨坊的舞会》 | | The Garden of Pontoise | |
| 《鲁昂大教堂》 | | Bal du moulin de la Galette | | 《埃拉尼的秋天》 | |
| Rouen Cathedral | | 《阳台上的两姐妹》 | | Autumn in Eragny | |
| 《花园里的女人》 | | Two Sisters ( On the Terrace ) | | 《凡尔赛之路》 | |
| Woman in the Garden | | 亮丽色彩 | vibrant color | The Road to Versailles | |
| 《圣拉扎尔火车站》 | | 肖像 | portrait | 细腻笔触 | delicate brushstroke |
| La Gare Saint-Lazare | | 温暖光线 | warm light | 色彩层次 | color layer |
| 《睡莲》 | Water Lilies | 欢乐气氛 | joyful atmosphere | 自然之美 | beauty of nature |
| 《白杨树》 | Poplars | 日常场景 | everyday scene | 松散的笔触 | loosely brushstroke |

## 实例关键词要点解析

内容提示词：印象派风格油画，奥斯卡·克劳德·莫奈的风格，印象日出，大海，海洋，海浪，早晨，日出。
背景和环境提示词：橙色天空背景，橙色云彩背景。
品控提示词：大师杰作，高质量，高分辨率，独创性，极高细节，完美照明。
反向提示词：最差质量，低质量，普通质量，低分辨率，单色，发灰，糟糕的艺术，文字，水印，不适宜内容。

| 文生图 | 图生图 | 后期处理 | PNG 图片信息 | 模型融合 | 训练 | 设置 | 扩展 |

50/75

Impressionism style oil painting, Oscar-Claude Monet style, Impression Sunrise, sea, ocean, waves, morning, sunrise, orange sky background, orange cloud background,

(masterpiece:1.2), best quality, masterpiece, highres, original, extremely detailed wallpaper, perfect lighting

29/75

(worst quality:2), (low quality:2), (normal quality:2), lowres, normal quality, ((monochrome)), ((grayscale)), bad art, text, watermark, NSFW

| | |
|---|---|
| Stable Diffusion 模型：SD XL Base 1.0 | 采样方法：DPM++2M Karras |
| 外挂 VAE 模型：SD XL VAE | 宽度 x 高度：1024x1024 |
| 迭代步数：30 | 提示词引导系数：7.5 |

## 实例关键词效果展示

种子数：
2399312564

## 6.2.3　后印象主义

印象主义发展至后期，出现了一批既与印象主义有密切关系，又展现出不同创作意图的艺术家，他们没有组成艺术团体，也没有发表任何宣言，更不曾举办过共同展览，美术学家为了区别两者，将他们称为"后印象主义"。

后印象主义认为过度追求事物的外观、光线和色彩已经走向了极端，主张要重视画家个人的主观性，将艺术形象与客观形象区别开来。后印象主义的艺术家大部分都曾投身于印象主义，最终又挣脱了印象主义的束缚，各自发展出了更鲜明的风格。

### 常见的后印象主义相关提示词参考

| 后印象主义 | Post-Impressionist | 《穿红背心的男孩》 | | 《阿涅埃尔的沐浴者》 | |
|---|---|---|---|---|---|
| 后印象主义艺术 | | Boy in a Red Waistcoat | | Bathers at Asnieres | |
| Post-Impressionist art | | 《大浴女》 | The Large Bathers | 《康康舞》 | Le Chahut |
| 后印象主义绘画 | | 几何形状 | geometric shape | 《马戏团》 | The Circus |
| Post-Impressionist painting | | 坚实结构 | solid structure | 点彩技法 | pointillism |
| 文森特·梵高 | | 彩色平面 | colour plane | 社会场景 | social scene |
| Vincent van Gogh | | 简单形式 | simple form | 精细细节 | intricate detail |
| 《夜间咖啡馆》 | | 保罗·高更 | | 雕塑感人物 | sculptural figure |
| The Night Cafe | | Paul Gauguin | | 色彩并置 | colours juxtaposed |
| 《阿尔的卧室》 | | 《塔希提的女人》 | | 亨利·卢梭 | |
| Bedroom in Arles | | Tahitian Women on the Beach | | Henri Rousseau | |
| 《麦田上的鸦群》 | | 《亡灵的注视》 | | 《沉睡的吉普赛人》 | |
| Wheatfield with Crows | | The Spirit of the Dead Watching | | The Sleeping Gypsy | |
| 《罗纳河上的星夜》 | | 《黄色的基督》 | | 《热带飓风与老虎》 | |
| Starry Night Over the Rhone | | The Yellow Christ | | Tiger in a Tropical Storm | |
| 《星夜》 | The Starry Night | 《你何时结婚》 | | 《第一个早晨》 | |
| 《向日葵》 | Sunflowers | When Will You Marry? | | The First Morning | |

（续）

| 旋转星空 | swirling star | 《布道后的幻象》 | | 《哲学家和诗人》 | |
|---|---|---|---|---|---|
| 强烈色彩 | intense color | Vision After the Sermon | | Philoso Phers and Poets | |
| 厚重笔触 | thick brushstroke | 鲜艳色彩 | vivid color | 《狮子的盛宴》 | |
| 表现情感 | emotional expression | 异国情调 | exoticism | The Repast of the Lion | |
| 自然景观 | natural landscape | 象征主义 | symbolism | 《失乐园》 | Paradise lost |
| 保罗·塞尚 | | 日本版画 | Japanese print | 《耍蛇人》 | The Snake Charmer |
| Paul Cezanne | | 天真的形象 | naivety figure | 梦幻场景 | dreamlike scene |
| 《圣维克多山》 | | 乔治·修拉 | | 丛林场景 | jungle scene |
| Mont Sainte-Victoire | | Georges Seurat | | 奇幻元素 | |
| 《玩纸牌者》 | | 《埃菲尔铁塔》 | | fantastical element | |
| The Card Players | | The Eiffel Tower | | 纯净色彩 | pure color |
| 《静物与窗帘》 | | 《大碗岛的星期日下午》 | | | |
| Still Life with a Curtain | | A Sunday Afternoon on the Island of La Grande Jatte | | | |

## 实例关键词要点解析

内容提示词: Lora 模型"vincent_van_gogh", 星夜, 旋涡状的星星和月亮, 绿褐色的柏树, 文森特·威廉·梵高的风格, 油画。

背景和环境提示词: 村庄和山脉背景。

品控提示词: 大师杰作, 最佳质量, 高分辨率, 独创性, 极高细节, 完美照明, 令人惊叹的艺术品, 专业。

反向提示词: 最差质量, 低质量, 普通质量, 低分辨率, 单色, 发灰, 水印, 不适宜内容。

文生图　图生图　后期处理　PNG 图片信息　模型融合　训练　设置　扩展

50/75

<lora:vincent_van_gogh_xl:1>, The Starry Night, swirling stars and moon, green brown cypress trees, Vincent Willem van Gogh style, oil painting,

villages and mountains background,

(masterpiece:1.2), best quality, highres, original, highly detailed, perfect lighting, artwork breathtaking, professional

24/75

(worst quality:2), (low quality:2), (normal quality:2), lowres, normal quality, ((monochrome)), ((grayscale)), watermark, NSFW

| Stable Diffusion 模型: SD XL Base 1.0 | 采样方法: DPM++2M Karras |
|---|---|
| 外挂 VAE 模型: SD XL VAE | 宽度×高度: 1024x1024 |
| 迭代步数: 30 | 提示词引导系数: 7 |

**实例关键词效果展示**

种子数：
1038222352

## 6.2.4 象征主义

象征主义是19世纪末出现在欧洲部分国家的一种艺术潮流，该词语源自于希腊文，后来表示使用某种形式代表某种概念，而后又将能够代表某种观点或事物的符号或物品称为"象征"，它起源于文学领域，随后迅速影响到绘画、音乐和戏剧等多个艺术形式。

象征派画家主要包括古斯塔夫·克里姆特、皮维德·沙凡纳和奥迪隆·雷东，他们不再以客观表现世界为创作目的，而是通过探索内在情感和想象的力量，绘制具有隐喻性的画面来展示自己的梦想和对世人的启示。

## 常见的象征主义相关提示词参考

| 象征主义 | Symbolism | 《莎乐美在希律面前跳舞》 | | 《神圣的树林》 | |
|---|---|---|---|---|---|
| 象征主义艺术 | | Salome Dancing before Herod | | The Sacred Grove | |
| Symbolism art | | 《幻影》 | The Apparition | 《牧羊人之歌》 | |
| 象征主义绘画 | | 神话故事 | mythology story | The Shepherd's Song | |
| Symbolism painting | | 圣经故事 | Bible story | 《贫穷的渔夫》 | |
| 奇幻风格 | fantastic style | 异国情调 | exoticism | The Poor Fisherman | |
| 梦幻风格 | dreamlike style | 不同文化元素的融合 | | 柔和色彩 | soft colour |
| 神秘风格 | mysterious style | fusion of different cultural element | | 宁静氛围 | tranquil atmosphere |
| 不合理的 | irrational | 古斯塔夫·克里姆特 | | 古典风格 | classical style |
| 超自然的 | occult | Gustav Klimt | | 古希腊神话 | Greek mythology |
| 恐怖的 | terror | 《阿黛尔·布洛赫 – 鲍尔肖像一 》 | | 奥迪隆·雷东 | |
| 罪恶的 | sin | Portrait of Adele Bloch–Bauer I | | Odilon Redon | |
| 颓废的 | decadent | 《生命之树，斯托克莱·弗里兹》 | | 《独眼巨人》 | |
| 疯狂的 | madness | The Tree of Life, Stoclet Frieze | | The Cyclops | |
| 病态的 | morbid | 《死亡与生命》 | | 《佛陀之死》 | |
| 任性的 | perverse | Death and Life | | he Death of the Buddha | |
| 孤独的 | loneliness | 《阿黛尔·布洛赫 – 鲍尔肖像二》 | | 《水下视觉》 | |
| 主观的 | subjective | Portrait of Adele Bloch–Bauer II | | Underwater Vision | |
| 二维的 | two-dimensionality | 《吻》 | The Kiss | 民间传说 | folklore |
| 理想化的 | idealized | 《希望二》 | Hope II | 佛教文化 | Buddhist culture |
| 抽象符号 | abstract symbol | 日本艺术 | Japanese art | 模棱两可 | ambiguous |
| 忧郁的 | melancholy | 女性身体 | female body | 米哈伊尔·弗鲁贝尔 | |
| 古斯塔夫·莫罗 | | 使用金箔 | gold leaf application | Mikhail Vrubel | |
| Gustave Moreau | | 三角形 | triangle | 《天鹅公主》 | |
| 《朱庇特和塞墨勒》 | | 眼睛形状 | shape of eye | The Swan Princess | |
| Jupiter and Semele | | 重复的线圈 | repeated coil | 《恶魔坐像》 | |
| 《神秘之花》 | | 重复的螺纹 | repeated whorl | The Demon Seated | |
| The Mystic Flower | | 马赛克的 | mosaic | 恶魔主题 | demon theme |
| 《俄狄浦斯与狮身人面像》 | | 皮埃尔·皮维斯·德·沙凡纳 | | 水晶边缘 | crystal edge |
| Oedipus and the Sphinx | | Pierre Puvis de Chavannes | | 闪光效果 | sparkling effect |

## 实例关键词要点解析

内容提示词：Lora 模型"kl1m"，象征主义艺术，象征主义油画，古斯塔夫·克里姆特的风格，一个女孩，棕色卷发，肩膀裸露，金色螺旋，金色眼睛，金色复杂图案。

背景和环境提示词：金色背景，金色螺旋背景。

品控提示词：大师杰作，最佳质量，高分辨率，独创性，极高细节，完美照明，令人惊叹的艺术品，专业。

反向提示词：不适宜内容，最差质量，低质量，普通质量，低分辨率，单色，发灰，文字，水印，署名。

| 文生图 | 图生图 | 后期处理 | PNG 图片信息 | 模型融合 | 训练 | 设置 | 扩展 |
|---|---|---|---|---|---|---|---|

65/75

<lora:kl1m:0.8>, Symbolism arts, Symbolism oil painting, Gustav Klimt style, 1girl, brown hair, curl hair, shoulders exposed , golden spirals, golden eyes, golden intricate patterns,

golden background, golden spirals background,

(masterpiece:1.2), best quality, highres, original, highly detailed, perfect lighting, artwork breathtaking, professional

23/75

NSFW, (worst quality:2), (low quality:2), (normal quality:2), lowres, (monochrome, greyscale), text, watermark, signature

| | |
|---|---|
| Stable Diffusion 模型：SD XL Base 1.0 | 采样方法：DPM++2M Karras |
| 外挂 VAE 模型：SD XL VAE | 宽度 x 高度：1024x1024 |
| 迭代步数：30 | 提示词引导系数：7 |

## 实例关键词效果展示

种子数：
460419741

新艺术运动是顺应时代而发起的，19 世纪末正是手工业与机械工业交替的时代，它承上启下的作用使之成为大势所趋，因此影响到法国、比利时、西班牙、奥地利、德国、荷兰、意大利和美国等众多国家和地区。

新艺术运动继承了部分工艺美术运动的理念，如对维多利亚风格的反对和对传统手工艺的忠实，而且都受到了东方主义和自然主义的影响，但是新艺术运动并不排斥工业革命机械化的批量生产方式，而且提出将设计融入批量生产之中。

**常见的新艺术运动相关提示词参考**

| 新艺术主义 | Art Nouveau | 新艺术风格绘画 | | 巴黎贝兰热堡的锻铁阳台 |
|---|---|---|---|---|
| 装饰艺术 | decorative art | Art Nouveau painting | | Wrought iron balcony |
| 自然元素 | natural element | 爱德华·维亚尔 | | 新艺术风格首饰 |
| 蜿蜒曲线 | sinuous curve | Edouard Vuillard | | Art Nouveau Jewellery |
| 植物和花朵 | plants and flowers | 《沃克雷松花园》 | | 奥科的花卉胸针 |
| 不对称线条 | asymmetry line | The Garden of Vaucresson | | Orco's flora brooch |
| 鞭绳线条 | whiplash line | 《晨光，范迪米尔广场》 | | 雷内·拉里克的皇冠 |
| 现代材料 | modern material | Morning Light, Place Vintimille | | Rene laric's crown |
| 有机形状 | organic shape | 费利克斯·瓦洛东 | | 新艺术风格宗教建筑 |
| 精细装饰 | intricate decoration | Felix Vallotton | | Art Nouveau religious buildings |
| 动感线条 | dynamic line | 《红房间》 | La Chambre rouge | 圣家族大教堂 |
| 金属装饰 | metal ornamentation | 《华尔兹》 | Waltz | Sagrada Familia |
| 新艺术风格海报 | | 新艺术风格玻璃 | | 女王十字教堂 |
| Art Nouveau posters | | Art Nouveau glass | | Queen's Cross Church |
| 新艺术风格图形艺术 | | 金星玻璃 | Aventurine glass | 新艺术风格建筑 |
| Art Nouveau graphic arts | | 浮雕玻璃 | cameo glass | Art Nouveau architecture |

（续）

| 阿尔方斯·穆夏 | 套色玻璃 | cased glass | 分离派大楼 |
|---|---|---|---|
| Alphonse Mucha | 裂纹玻璃 | crackled glass | Secession Building |
| 《莎拉·伯恩哈特》 | 闪光玻璃 | flashed glass | 流苏酒店 |
| Sarah Bernhardt | 虹彩玻璃 | iridescent glass | Hotel Tassel |
| 《每日时光》 | 埃米尔·加勒的兰花花瓶 | | 新艺术风格家具 |
| The Times of Day | Orchid vase by Emile Galle | | Art Nouveau furniture |
| 《月亮与星星》 | 蒂芙尼的百合灯 | | 亨利·范德维尔德的桌子 |
| The Moon and the Stars | Lily lamp by Tiffany | | Desk by Henry van de Velde |
| 《季节》 | The Seasons | 雅克·格鲁伯的玻璃窗 | 保罗·汉卡的凳子 |
| 儒勒·谢雷 | Jules Cheret | Glass window by Jacques Gruber | Stool by Paul Hankar |
| 《奥林匹亚酒馆》 | 新金属艺术 | | 尤金·盖拉德的玻璃柜 |
| Taverne Olympia | Art Nouveau Metal art | | Vitrine by Eugene Gaillard's glass cabinet |
| 《大使馆的音乐会》 | 阿尔方斯·德班的茶壶 | | 路易斯·马若雷勒的橱柜 |
| Concert des Ambassadeurs | Teapot by Alphonse Debain | | Cabinet by Louis Majorelle |

## 实例关键词要点解析

内容提示词：Lora 模型"Alphonse Mucha Style"，阿尔方斯·穆夏的风格，海报艺术，一个女孩，棕色头发，头戴花环，侧面视角，上半身，色彩丰富。
背景和环境提示词：圆形背景，花纹背景。
品控提示词：大师杰作，最佳质量，高分辨率，独创性，极高细节，完美照明，令人惊叹的艺术品，专业。
反向提示词：不适宜内容，最差质量，低质量，普通质量，低分辨率，单色，发灰，丑陋，署名，文字。

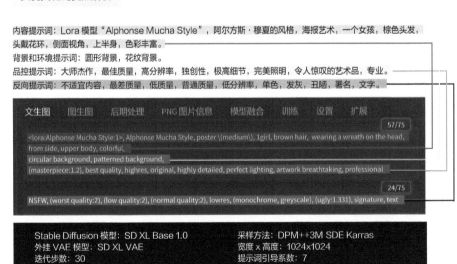

**实例关键词效果展示**

种子数:
2811583482

# 6.3 20 世纪

20 世纪的西方各种思潮层出不穷,极大地拓宽了艺术的表现领域和形式,展现出前所未有的多样性,反映了社会、科技和哲学的深刻变革,通过丰富多样的表现手法呈现出一个充满创新观念和技术的艺术时代。

## 6.3.1 野兽派

野兽派是西方美术史上在 20 世纪前卫艺术运动最早出现的一个派别,但他们结构松散,没有明确的团体宣言,成因也非常偶然,是在 1905 年的巴黎秋季艺术沙龙，在众多作品中只有一幅画作比较写实，批评家认为这好比"在一群野兽中只有一位真正的艺术家"，这些被比作野兽的年轻画家便以此为名，开创了新的时代。

**常见的野兽派相关提示词参考**

| 野兽派 | Fauvism | 《金鱼》 | Goldfish | 《秋天的风景》 | |
|---|---|---|---|---|---|
| 野兽派艺术 | Fauvism art | 非自然色彩 | unnatural color | Autumn Landscape | |
| 野兽派绘画 | Fauvism painting | 明亮色彩 | bright colour | 《塞纳河上的驳船》 | |
| 狂野笔触 | wild brush strokes | 夸张的强制透视 | | Barges on the Seine | |
| 强烈色彩 | strong colour | exaggerated forced perspective | | 激烈笔触 | vigorous brushstroke |
| 刺鼻色彩 | strident color | 纯色的使用编排 | | 高饱和色 | high saturation color |
| 题材简单化 | simple subject matter | the orchestration of pure color | | 乡村风景 | rural scene |
| 题材抽象化 | abstraction of theme | 安德烈·德朗 | | 运动感 | sense of motion |
| 粗犷笔触 | rough brushstroke | Andre Derain | | 浓烈色彩 | intense colour |
| 纯色块 | Solid color block | 《科利乌尔的山脉》 | | 罗伯特·德劳内 | |
| 简化形状 | simplified shape | Mountains at Collioure | | Robert Delaunay | |
| 高对比度 | high contrast | 《伦敦的查令十字桥》 | | 《持郁金香的男人》 | |
| 鲜艳色彩 | vibrant hues | Charing Cross Bridge, London | | A man holding tulips | |
| 扁平画面 | flat composition | 《科利乌尔港口》 | | 《猪的旋转木马》 | |
| 抽象元素 | abstract element | The Port of Collioure | | Carousel of Pigs | |
| 创新视觉 | innovative visual | 《伦敦池》 | The Pool of London | 乔治·布拉克 | |
| 视觉冲击 | visual impact | 景观 | landscape | Georges Braque | |
| 鲜明轮廓 | vivid outline | 动感线条 | dynamic line | 《埃斯塔克附近的橄榄树》 | |
| 强烈情感 | intense emotion | 长笔触 | long stroke | The Olive tree near l'Estaque | |
| 亨利·马蒂斯 | | 大胆的构图 | bold composition | 阿尔伯特·马奎特 | |
| Henri Matisse | | 色彩碎片化 | color fragmentation | Albert Marquet | |
| 《开着的窗户》 | | 莫里斯·德·弗拉芒克 | | 《圣阿德雷斯的海滩》 | |
| The Open Window | | Maurice de Vlaminck | | The Beach at Sainte-Adresse | |
| 《红色工作室》 | | 《查图塞纳河畔的船》 | | 《阿盖的风景》 | |
| The Red Studio | | The River Seine at Chatou | | View of Agay | |
| 《戴帽子的女人》 | | 《红色的树》 | | 《维苏威火山》 | |
| Woman with a Hat | | The Red Trees | | Vesuvius | |

## 实例关键词要点解析

内容提示词：Lora 模型 "m4t1"，野兽派绘画，亨利·马蒂斯的风格，铺有桌布的圆形桌子，桌子上有鱼缸，鱼缸里有金鱼，厚涂，明显的笔触。

背景和环境提示词：花朵窗户背景，花朵墙壁背景。

品控提示词：大师杰作，最佳质量，高分辨率，独创性，极高细节，完美照明，令人惊叹的艺术品，专业。

反向提示词：最差质量，低质量，普通质量，低分辨率，单色，发灰，不适宜内容，水印，文字。

| 文生图 | 图生图 | 后期处理 | PNG 图片信息 | 模型融合 | 训练 | 设置 | 扩展 |

65/75

<lora:m4t1:1>, Fauvism painting, Henri Matisse style, round table with tablecloth laid on it, the fishbowl on a table, goldfish in fishbowl, thick paint, brush strokes,

flower window background, flower wall background,

(masterpiece:1.2), best quality, highres, original, highly detailed, perfect lighting, artwork breathtaking, professional

24/75

(worst quality:2), (low quality:2), (normal quality:2), lowres, normal quality, (monochrome, grayscale),NSFW, watermark, text

| | |
|---|---|
| Stable Diffusion 模型：SD XL Base 1.0 | 采样方法：DPM++2M Karras |
| 外挂 VAE 模型：SD XL VAE | 宽度 x 高度：1024x1024 |
| 迭代步数：30 | 提示词引导系数：7 |

## 实例关键词效果展示

种子数：
3808541821

## 6.3.2 表现主义

表现主义的艺术家深受康德的直觉主义和弗洛伊德的精神分析学影响，不再局限于对客观事物的刻画，而是更注重展现其本质，以激烈的感情和抽象的手法来表达内心意象，揭示人的本质。

表现主义一词最早是由法国画家朱利安·奥古斯特·埃尔韦在1901年的马蒂斯画展上提出的，之后在1911年首次被希勒尔刊登在《暴风》杂志上，用于指代具有先锋精神的作家们，之后便逐渐广为人知，表现主义艺术家们试图通过夸张、扭曲、变形的形式来表达内在的情感冲突和对现实的不满。

**常见的表现主义相关提示词参考**

| 表现主义 | Expressionism | 《暮光之城》 | | 自然元素 | natural element |
|---|---|---|---|---|---|
| 表现主义艺术 | | City in Twilight | | 色彩鲜艳 | bright color |
| Expressionist art | | 人体扭曲 | contorted body | 奥古斯特·麦克 | |
| 表现主义绘画 | | 粗线条 | bold line | August Macke | |
| Expressionist painting | | 暗淡色调 | matte | 《蓝湖上的人们》 | |
| 爱德华·蒙克 | | 紧张姿态 | tense posture | People on the Blue Lake | |
| Edvard Munch | | 恩斯特·路德维希·基什内尔 | | 《散步》 | Promenade |
| 《生命之舞》 | | Ernst Ludwig Kirchner | | 《时装店》 | Fashion Store |
| The Dance of Life | | 《柏林街头》 | | 现代生活 | modern life |
| 《病房里的死亡》 | | Street, Berlin | | 日常场景 | everyday scene |
| Death in the Sickroom | | 《柏林街景》 | | 社会互动 | social interaction |
| 《呐喊》 | The Scream | Berlin Street Scene | | 平面透视 | flat perspective |
| 《绝望》 | Despair | 《阿尔卑斯厨房》 | | 表现主义建筑 | |
| 《焦虑》 | Anxiety | Alpine Kitchen | | Expressionist architecture | |
| 《分离》 | Separation | 《哈勒红塔》 | | 爱因斯坦塔 | |
| 强烈情感 | intense emotion | The Red Tower in Halle | | Einstein Tower | |

（续）

| 扭曲形状 | distorted shape | 扭曲透视 | distorted perspective | 玻璃馆 |
| --- | --- | --- | --- | --- |
| 深沉色调 | somber tone | 城市景观 | urban landscape | Glass Pavilion |
| 表现痛苦 | depiction of pain | 疯狂氛围 | chaotic atmosphere | 歌德殿 |
| 孤独感 | sense of isolation | 动态构图 | dynamic composition | Goetheanum |
| 扭曲面孔 | contorted face | 弗朗茨·马尔克 | | 百年纪念堂 |
| 内心恐惧 | inner fear | Franz Marc | | Centennial Hall |
| 埃贡·席勒 | | 《动物的命运》 | | 智利屋 |
| Egon Schiele | | Fate of the Animals | | Chilehaus |
| 《弯曲膝盖坐着的女人》 | | 《蓝马一》 | Blue Horse I | 航运之家 |
| Seated Woman with Bent Knees | | 《大蓝马》 | Large Blue Horses | Shipping House |
| 《死神与少女》 | | 《小蓝马》 | Little Blue Horse | 格伦特维教堂 |
| Death and the Maiden | | 《黄牛》 | Yellow Cow | Grundtvig's Church |
| 《扭曲手臂的自画像》 | | 动物主题 | animal theme | 保拉·莫德森·贝克尔博物馆 |
| Self-Portrait with Twisted Arm | | 超现实感 | surreal feel | Paula Modersohn Becker Museum |

## 实例关键词要点解析

内容提示词: Lora 模型 "mnch", 表现主义绘画, 爱德华·蒙奇的风格, 一个女孩站在桥上, 扶着栏杆, 背对观众, 眺望远方。

背景和环境提示词: 彩色天空背景, 彩色河流背景, 房屋背景。

品控提示词: 大师杰作, 最佳质量, 高分辨率, 独创性, 极高细节, 完美照明, 令人惊叹的艺术品, 专业。

反向提示词: 不适宜内容, 最差质量, 低质量, 普通质量, 低分辨率, 单色, 署名, 水印, 文字。

| 文生图 | 图生图 | 后期处理 | PNG 图片信息 | 模型融合 | 训练 | 设置 | 扩展 |
| --- | --- | --- | --- | --- | --- | --- | --- |

63/75

&lt;lora:mnch:1&gt;, expressionism painting, Edvard Munch style, 1girl standing on bridge, holding the railing, her back to the viewer, looking into the distance,

colorful sky background, colorful river background, house background,

(masterpiece:1.2), best quality, highres, original, highly detailed, perfect lighting, artwork breathtaking, professional

25/75

NSFW, (worst quality:2), (low quality:2), (normal quality:2), lowres, normal quality, (monochrome), signature, watermark, text

Stable Diffusion 模型: SD XL Base 1.0 　　　采样方法: DPM++2M Karras
外挂 VAE 模型: SD XL VAE 　　　　　　　宽度 x 高度: 1024x1024
迭代步数: 30 　　　　　　　　　　　　　提示词引导系数: 7

**实例关键词效果展示**

种子数：
2498547092

## 6.3.3　立体主义

　　立体主义始于 1908 年，因评论家认为乔治·布拉克的作品是"将每件事物都还原为了立方体"而得名，该流派的艺术家不再注重画面的客观性和视觉效果，而是通过几何体来隐喻或折射某种观点，激发人们深入思考。

　　立体主义分为前后两个阶段，第一个阶段为 1907~1911 年，艺术家们将物体进行简化、分解和交织，被称作分体立体主义阶段；第二阶段为 1912~1914 年，艺术家们使用抽象的几何图形构建物体形态，被称作综合立体主义阶段。

## 常见的立体主义相关提示词参考

| 立体主义 | Cubism | 《水果盘》 | Fruit Dish | 机械元素 | mechanical element |
|---|---|---|---|---|---|
| 立体主义艺术 | | 《渔船》 | Fishing Boats | 圆柱形 | cylindrical form |
| Cubist art | | 联锁平面 | interlocking planes | 工业主题 | industrial theme |
| 立体主义绘画 | | 纹理丰富 | rich textures | 动感结构 | dynamic structure |
| Cubist painting | | 重叠形象 | overlapping images | 阿尔伯特·格莱兹 | |
| 巴勃罗·毕加索 | | 单色调 | monochrom | Albert Gleizes | |
| Pablo Picasso | | 简化形状 | simplified shape | 《吊床上的男人》 | |
| 《亚维农少女》 | | 胡安·格里斯 | | Man in a Hammock | |
| Les Demoiselles d'Avignon | | Juan Gris | | 《足球运动员》 | |
| 《三个音乐家》 | | 《拿着吉他的丑角》 | | Football Players | |
| Three Musicians | | Harlequin with a Guitar | | 《戴黑手套的女人》 | |
| 《格尔尼卡》 | | 《有吉他的静物》 | | Woman with Black Glove | |
| Guernica | | Still Life with a Guitar | | 《收割者》 | |
| 《弹曼陀林的女孩》 | | 《静物与格子桌布》 | | Harvest Threshing | |
| Girl with a Mandolin | | Still Life with Checked Tablecloth | | 透明感 | transparency |
| 《小提琴与葡萄》 | | 《茴香酒瓶》 | | 平面分割 | planar segmentation |
| Violin and Grapes | | The Anisette Bottle | | 移动效果 | sense of motion |
| 破碎形状 | fragmented form | 《早餐》 | The Breakfast | 重构空间 | reconstructed space |
| 多视角 | multiple perspectives | 清晰线条 | clear line | 立体主义建筑 | |
| 扭曲面孔 | distorted face | 色彩分块 | color blocking | Cubist architecture | |
| 几何分解 | | 建筑元素 | architectural element | 勒柯布西耶馆 | |
| geometric decomposition | | 拼贴效果 | collage effect | Pavillon Le Corbusier | |
| 乔治·布拉克 | | 平面 | flat surface | 立体主义住宅 | |
| Georges Braque | | 费尔南·莱热 | | Cubist House | |
| 《埃斯塔克的房屋》 | | Fernand Leger | | 鲍尔别墅 | |
| Houses at l'Estaque | | 《男人和女人》 | | Bauer Villa | |
| 《投手和小提琴》 | | Man and Woman | | 科瓦罗维奇的别墅 | |
| Pitcher and Violin | | 《养猫的女人》 | | Kovarovicova Vila | |
| 《拿着曼陀林的女人》 | | Woman with a Cat | | 立体主义三屋 | |
| Woman with a Mandolin | | 《城市》 | The City | Cubist Threehouse | |

## 实例关键词要点解析

内容提示词：Lora模型"p1c4ss"，立体主义绘画，巴勃罗·毕加索的风格，一个男人的肖像，秃头，留胡子，肥胖，穿着棕色西装，坐姿，看向观众，上半身。

背景和环境提示词：棕色背景、几何图案背景。

品控提示词：大师杰作，最佳质量，高分辨率，独创性，极高细节，完美照明，令人惊叹的艺术品，专业。

反向提示词：多人，不适宜内容，最差质量，低质量，普通质量，低分辨率，署名，水印。

| 文生图 | 图生图 | 后期处理 | PNG图片信息 | 模型融合 | 训练 | 设置 | 扩展 |

63/75

<lora:p1c4ss0_003-step00028000:1>, cubism painting, Pablo Picasso style, a portrait of a man, bald, bearded, obese, wearing a brown suit, sitting posture, looking at viewer, upper body,

brown background, geometric pattern background,

(masterpiece:1.2), best quality, highres, original, highly detailed, perfect lighting, artwork breathtaking, professional

24/75

multiple people, NSFW, (worst quality:2), (low quality:2), (normal quality:2), lowres, normal quality, signature, watermark

Stable Diffusion 模型：SD XL Base 1.0
外挂 VAE 模型：SD XL VAE
迭代步数：30

采样方法：DPM++SDE Karras
宽度 x 高度：1024x1024
提示词引导系数：7

## 实例关键词效果展示

种子数：
1987176476

## 6.3.4　超现实主义

　　超现实主义以弗洛伊德的潜意识理论为根基，将现实与潜意识、梦境相结合，达到不受逻辑约束的超现实情境，尤其在美术领域中，鼓励艺术家运用幻想来进行创作，将许多抽象的观点展现为绘画语言，作为一种参与社会事件的手段。

　　超现实主义作品常常具有怪诞、不可思议的形象和情节，以及离奇的视觉效果，艺术家们通过自由联想和自动写作等技术，探索心灵的深处，寻找内心深处的真相。

**常见的超现实主义相关提示词参考**

| 超现实主义 | Surrealism | 《戈尔康达》 | | 《神谕之谜》 | |
|---|---|---|---|---|---|
| 超现实主义艺术 | | Golconda | | The Enigma of the Oracle | |
| Surrealist art | | 《比利牛斯山脉城堡》 | | 《令人不安的缪斯》 | |
| 超现实主义绘画 | | The Castle of the Pyrenees | | The Disquieting Muses | |
| Surrealist painting | | 隐藏面孔 | hidden face | 《形而上的饼干室内装饰》 | |
| 萨尔瓦多·达利 | | 日常物体 | everyday object | Metaphysical Interior with Biscuits | |
| Salvador Dali | | 不可能空间 | impossible space | 《无限的乡愁》 | |
| 《记忆的永恒》 | | 平静氛围 | serene atmosphere | The Nostalgia of the Infinite | |
| The Persistence of Memory | | 超现实组合 | surreal combination | 神秘光影 | mysterious lighting |
| 《内战的预兆》 | | 马克斯·恩斯特 | | 长影子 | long shadow |
| Premonition of Civil War | | Max Ernst | | 空旷广场 | deserted square |
| 《水仙的变形》 | | 《大象西里伯斯》 | | 古典雕像 | classical statue |
| Metamorphosis of Narcissus | | The Elephant Celebes | | 时间扭曲 | warped time |
| 《天鹅倒映大象》 | | 《森林和鸽子》 | | 乔安·米罗·费拉 | |
| Swans Reflecting Elephants | | Forest and Dove | | Joan Miro i Ferra | |
| 《形态回波》 | | 《沉默之眼》 | | 《丑角嘉年华》 | |
| Morphological Echo | | The Eye of Silence | | The Harlequin's Carnival | |

（续）

| 融化钟表 | melting clock | 《夜间革命》 | | 《蓝色三联画》 | |
|---|---|---|---|---|---|
| 奇异生物 | bizarre creature | Revolution by Night | | Blue I, II, III | |
| 扭曲现实 | distorted reality | 《法国的花园》 | | 《耕过的田野》 | |
| 荒诞场景 | absurd situation | The Garden of France | | The Tilled Field | |
| 一丝不苟 | meticulous detail | 梦幻景象 | dreamscape | 《狗对着月亮狂吠》 | |
| 勒内·马格里特 | | 拼贴艺术 | collage art | Dog Barking at the Moon | |
| Rene Magritte | | 奇幻画面 | fantastical image | 《星座》 | Constellations |
| 《图像的背叛》 | | 森林场景 | forest scene | 《农场》 | The Farm |
| The Treachery of Images | | 鸟类主题 | birds theme | 抽象符号 | abstract symbol |
| 《人类之子》 | | 乔治·德·基里科 | | 鲜艳色彩 | vibrant color |
| The Son of Man | | Giorgio de Chirico | | 有机形状 | organic shape |
| 《人类状况》 | | 《爱之歌》 | | 动感线条 | dynamic line |
| The Human Condition | | The Song of Love | | 幻想场景 | fantasy scenes |

## 实例关键词要点解析

内容提示词：Lora 模型"Rene Magritte Style"，雷内·玛格利特的风格，一个男人穿着西装，戴着黑色礼帽，棕色相框，红苹果，草地，树木，像素化，普通物体的奇异并置。

背景和环境提示词：蓝天背景，白云背景。

品控提示词：大师杰作，最佳质量，高分辨率，独创性，极高细节，完美照明，令人惊叹的艺术品，专业。

反向提示词：多人，不适宜内容，最差质量，低质量，普通质量，低分辨率，署名，水印。

文生图　图生图　后期处理　PNG 图片信息　模型融合　训练　设置　扩展

68/75

<lora:Rene Magritte Style:1>, Rene Magritte Style, a man wearing a suit, wearing a black top hat, brown picture frame, red apple, grass, trees, pixelated, bizarre juxtapositions of ordinary objects,
blue sky background, white clouds background,
(masterpiece:1.2), best quality, highres, original, highly detailed, perfect lighting, artwork breathtaking, professional

26/75

multiple people, NSFW, (worst quality:2), (low quality:2), (normal quality:2), lowres, normal quality, signature, watermark

Stable Diffusion 模型：SD XL Base 1.0　　　采样方法：DPM++3M SDE Karras
外挂 VAE 模型：SD XL VAE　　　　　　　　宽度 x 高度：1024x1024
迭代步数：30　　　　　　　　　　　　　　提示词引导系数：7

**实例关键词效果展示**

种子数:
3632094147

## 6.3.5 抽象主义

从艺术角度来看,抽象与具象是相对的,抽象主义则是完全抛弃具象,将抽象的绘画语言发挥到极致,以点、线、面为表现形式,不再执着于立体空间的塑造,而是将事物化为平面,并借此表达主观思想和内心深处的情感。

抽象主义在反对传统美术,宣扬非具象美学的共同基础上,又被分为两个派别,一个是构成派,以康定斯基为代表,热衷于使用强烈的色彩来表达感情;另一个是风格派,以蒙德里安为代表,用几何形状作为画面的基本构成。

## 常见的抽象主义相关提示词参考

| | | | | | |
|---|---|---|---|---|---|
| 抽象主义 | Abstract | 《红云》 | The Red Cloud | 《无题（黑色、红色、栗色）》 | |
| 抽象主义艺术 | | 《纽约市》 | New York City | Untitled（Black, Red, Maroon） | |
| Abstract art | | 网格结构 | grid structure | 《白色中心》 | |
| 抽象主义绘画 | | 几何抽象 | geometric abstraction | White Center | |
| Abstract painting | | 原色 | primary color | 《1号（皇家红和皇家蓝）》 | |
| 瓦西里·康定斯基 | | 垂直线条 | vertical line | No.1（Royal Red and Blue） | |
| Wassily Kandinsky | | 水平线条 | horizontal line | 色场 | color field |
| 《构图》系列 | | 巴内特·纽曼 | | 朦胧边界 | Hazy boundary |
| Composition series | | Barnett Newman | | 情感深度 | emotional depth |
| 《即兴创作》系列 | | 《崇高英雄》 | | 颜色层次 | color layering |
| Improvisation series | | Vir Heroicus Sublimis | | 简单构图 | simple composition |
| 《黄色、红色、蓝色》 | | 《十字架的车站》 | | 杰克逊·波洛克 | |
| Yellow-Red-Blue | | The Stations of the Cross | | Jackson Pollock | |
| 《几个圆圈》 | | 《黑火1号》 | | 《一：1950年第31号》 | |
| Several Circles | | Black Fire I | | One: Number 31, 1950 | |
| 《有红点的风景》 | | 《谁害怕红、黄、蓝》 | | | |
| Landscape with Red Spots | | Who's Afraid of Red, Yellow and Blue | | | |
| 即兴的 | improvisational | 垂直条纹 | vertical stripe | 《秋韵》（第30号） | |
| 强烈色彩 | vibrant color | 大色块 | large color field | Autumn Rhythm (Number 30) | |
| 音乐感 | musicality | 纯粹形式 | pure form | 《印度红地上的壁画》 | |
| 动态线条 | dynamic line | 对比强烈 | strong contrast | Mural on Indian Red Ground | |
| 抽象的 | non-representational | 极简主义 | minimalism | 《第5号，1948年》 | |
| 皮特·蒙德里安 | | 马克·罗斯科 | | No.5, 1948 | |
| Piet Mondrian | | Mark Rothko | | 《蓝杆》 | Blue Poles |
| 《网格构图1号》 | | 《橙色、红色、黄色》 | | 《深渊》 | The Deep |
| Composition with Grid No. 1 | | Orange, Red, Yellow | | 滴画技法 | drip painting |
| 《百老汇布吉伍吉》 | | 《橙色上的洋红色、黑色、绿色》 | | 大幅画布 | large canvas |
| Broadway Boogie Woogie | | Magenta, Black, Green on Orange | | 混合媒介 | mixed media |
| 《红、蓝、黄的构图》 | | | | 随机的 | randomness |
| Composition with Red, Blue and Yellow | | | | 色彩斑驳 | mottled colors |

## 实例关键词要点解析

内容提示词: 皮特·科内利斯·蒙德里安的风格, 红、蓝、黄的构成, 黑色直线, 清晰的方块, 彩色方块, 白色方块, 红色方块, 黄色方块, 蓝色方块。

背景和环境提示词: 明亮背景。

品控提示词: 大师杰作, 最佳质量, 高分辨率, 独创性, 极高细节, 完美照明, 令人惊叹的艺术品, 专业。

反向提示词: 不适宜内容, 最差质量, 低质量, 普通质量, 低分辨率, 署名, 水印, 文字。

| 文生图 | 图生图 | 后期处理 | PNG 图片信息 | 模型融合 | 训练 | 设置 | 扩展 |
|---|---|---|---|---|---|---|---|

63/75

Piet Cornelies Mondrian style, (Composition with Red, Blue, and Yellow), black straight lines, clear squares, colored squares, white squares, red squares, yellow squares, blue squares,

bright background,

(masterpiece:1.2), best quality, highres, original, highly detailed, perfect lighting, artwork breathtaking, professional

23/75

NSFW, (worst quality:2), (low quality:2), (normal quality:2), lowres, normal quality, signature, watermark, text

| | |
|---|---|
| Stable Diffusion 模型: SD XL Base 1.0 | 采样方法: DPM++2M Karras |
| 外挂 VAE 模型: SD XL VAE | 宽度 x 高度: 1024x1024 |
| 迭代步数: 28 | 提示词引导系数: 7 |

## 实例关键词效果展示

种子数:
3808541821